国家自然科学基金青年基金项目：基于机械–茎秆耦合激振特性的茶叶低损采收机理研究及机构优化（52105251）

茶茎秆仿生割刀设计及切割性能研究

杜　哲 / 著

中国原子能出版社

图书在版编目（CIP）数据

茶茎秆仿生割刀设计及切割性能研究 / 杜哲著. -- 北京：中国原子能出版社, 2022.10
ISBN 978-7-5221-2123-9

Ⅰ. ①茶… Ⅱ. ①杜… Ⅲ. ①茶叶收获机－切割－研究 Ⅳ. ①S225.99

中国版本图书馆CIP数据核字(2022)第169684号

内容简介

本书以茶茎秆为研究对象，从茶茎秆的切害特性和微观组织结构入手，研究茶茎秆切割；基于切齿叶外形仿生技术，通过切割图理论确定茶茎秆切割参数；在割刀结构和运动参数基础上借鉴生物体的外形结构，研制仿生割刀；基于有限元分析法，选择合适的本构关系描述茶茎秆材料。并建立仿生割刀模型，进行茶茎秆仿生切割的动态模拟；通过切割性能试验验证仿生割刀解决茶茎秆切割问题的能力。

茶茎秆仿生割刀设计及切割性能研究

出版发行　中国原子能出版社（北京市海淀区阜成路43号　100048）
责任编辑　刘　佳
装帧设计　河北优盛文化传播有限公司
责任印制　赵　明
印　　刷　北京天恒嘉业印刷有限公司
开　　本　880 mm×1230 mm　1/32
印　　张　5.75
字　　数　150千字
版　　次　2022年10月第1版　　2022年10月第1次印刷
书　　号　ISBN 978-7-5221-2123-9　　定　　价　58.00元

前　言

茶叶是我国重要的经济作物之一，但传统的手工采摘方式效率低、用工量大、成本高，严重制约了我国茶产业的高速发展。因此，机械化采茶需求迫切。想要实现高质量机械化采茶作业，采茶机械的重要工作部件对采摘质量的影响不容忽视。切割器是采茶机械重要的工作部件之一，其结构和运动参数对采茶机械的切割阻力、切割功耗、采摘质量等有重要影响。切割器由多个割刀组成。而采茶机械的割刀通常采用常规梯形齿，对割刀的齿形没有进一步优化。因此，对割刀的优化设计可以降低切割过程中的切割功耗，提高采摘质量。

机械化采茶过程可视为割刀和茶茎秆的作用过程。针对茶茎秆切割理论研究缺乏、切割功耗高、切割芽叶完整率低等不足，本书以茶茎秆为研究对象，从茶茎秆的切割特性和微观组织结构入手，研究茶茎秆切割；基于切齿叶外形仿生技术，通过切割图理论确定茶茎秆切割参数；在割刀结构和运动参数基础上借鉴生物体的外形结构，研制仿生割刀；基于有限元分析法，选择合适的本构关系描述茶茎秆材料，并建立仿生割刀模型，进行茶茎秆仿生切割的动态模拟；通过切割性能试验验证仿生割刀解决茶茎秆切割问题的能力。本书为采茶机械割刀的优化设计和工作参数优化提供理论依据。具体研究内容与结果如下：

1. 茶茎秆微观组织结构及切割特性研究

基于茶茎秆切割力曲线，分析茶茎秆微观组织结构，结果表明茶茎秆切割力与其木质部和皮层结构密切相关。试验研究茶茎秆的物理特性、力学特性和化学组分，基于灰色关联分析（GRA）结合多元线性回归（MLR）算法，建立茶茎秆切割特性参数模型。分析茶茎秆的切割特性参数（弯曲力和切割力）与物理、力学特性参数（茎节数、直径、节间距、含水率、断裂挠度、惯性矩、弹性模量）及化学组分（半纤维素、纤维素和木质素）的灰色关联度。当灰色关联度阈值为 0.6 时，基于 GRA+MLR 算法的弯曲力和切割力校正模型的决定系数（R_c^2）分别为 0.942 和 0.990，均方根误差（RMSEC）分别为 3.326 N 和 0.257 N。

2. 仿生对象蟋蟀上颚切齿叶的形态结构研究

基于蟋蟀上颚的锋利锯齿状结构具有良好的切割性能，这里提取上颚的轮廓曲线，将曲线分割为 5 段，采用多项式拟合。根据上颚轮廓曲线的二阶导函数、曲率和上颚切割的实际工作情况，选定蟋蟀上颚的切齿叶结构为割刀的仿生原型。基于切齿叶轮廓曲线，分别建立五次多项式和直线回归方程，拟合度均大于 0.953。然后，利用扫描电子显微镜对蟋蟀上颚进行微观分析和能谱分析，结果表明：蟋蟀上颚的切齿叶边缘表面有明显的磨损现象；上颚端面表面有不规则凸点；切齿叶表面和上颚端面处的元素种类及含量均有所不同。

3. 茶茎秆切割分析及仿生割刀设计

分析茎秆支撑方式和切割方式对切割性能的影响，确定茶叶滑切采摘方式。采用高速有支撑切割，可明显减小切割阻力和功耗。利用 X 射线计算机断层扫描技术对茶茎秆切槽形态扫描分析，结果表明：切槽最大截面积、切槽体积与切割力、刃角和割深密切相关；当割刀的刃角为 35° 时，随割深（0.7 mm，1.5 mm，2.3 mm）增加，切槽最大截面积比和体积比分别从 8.51% 增加到 22.83% 和从 2.98% 增加到 5.76%。基于双动割刀往复式切割器的切割图，利用响应面法分析齿顶宽度、齿根宽度、齿高、齿距和刀机速比对一次切割率、重割率和漏割率的影响。割刀结构和运动参数优化组合如下：齿顶宽度 3.5 mm，齿根宽度 13.0 mm，齿高 29.0 mm，齿距 45.0 mm，刀机速比 0.8，此时一次切割率为 92.60%，重割率为 6.62%，漏割率为 0.78%。基于蟋蟀上颚切齿叶的形态结构，结合采茶机械割刀的外形结构，设计出四种割刀（基于五次多项式仿蟋蟀切齿叶结构的仿生割刀 b、三角型仿蟋蟀切齿叶结构的仿生割刀 c、锯齿型仿蟋蟀切齿叶结构的仿生割刀 d 和作为对比的无仿生元素的普通割刀 a）。

4. 仿生切割有限元分析及切割性能试验研究

基于割刀的结构有限元分析可知，仿生割刀 d 的最大等效应力值、最大等效应变值和总变形量均为最大；1.5 ～ 2.0 mm 范围内的割刀厚度对仿生割刀 b 和仿生割刀 c 产生的最大等效应力和总变形量的影响不显著。基于仿生切割有限元分析可知，仿生割刀 b 和仿生割刀 c 在切割茎秆时产生的应力较大，分别为 0.459 MPa 和 0.620 MPa，同时使茎秆的变形较小，分别为 0.758 mm 和 0.890 mm。对四种割刀切割性能试验，结果表明：当加载速度为 10 mm/s 时，相对于割刀 a 的平均切割力（9.318 N），仿生割刀 b（9.193 N）和仿生割刀 c（9.027 N）分别降低了 1.35% 和 3.13%，仿生割刀 d（10.939 N）提高了 17.40%；仿生割刀 c 的平均切割功耗最小（1.151 J），其次为割刀 a（1.156 J），仿生割刀 b（1.215 J），最后为仿生割刀 d（1.992 J）。综合考虑有限元模拟分析和试验研究结果，仿生割刀 b 和仿生割刀 c 比仿生割刀 d 更适合切割茶茎秆。

5. 茶茎秆的仿生切割田间性能试验研究

基于模拟仿真与试验研究结果，结合刀片加工工艺复杂程度，制备了无仿生元素的割刀 a、基于五次多项式仿蟋蟀切齿叶结构的仿生割刀 b 和三角型仿蟋蟀切齿叶结构的仿生割刀 c 三种割刀进行田间采茶试验。茶树品种和割刀类型的单因素切割性能试验表明：在切割倾角为 0°、切割速度为 0.64 m/s 和前进速度为 0.80 m/s 的条件下，与普通割刀 a 相比，仿生割刀 b 的切割芽叶完整率（96.38%）最高，而仿生割刀 c 的切割芽叶漏割率（5.04%）最低；仿生割刀比普通割刀的切割芽叶完整率高、漏割率低。然后，以刀机速比、切割倾角和割刀类型为试验因素，芽叶完整率和漏割率为试验指标进行切割性能正交试验，通过方差分析和直观分析均得到：对芽叶完整率和漏割率影响的显著顺序依次为切割倾角、刀机速比和割刀类型；较优因素组合为切割速度 0.8 m/s，前进速度 1.0 m/s，切割倾角 −3° 和基于五次多项式仿蟋蟀切齿叶结构的仿生割刀。

目　录

第1章　绪论

1.1　研究背景、目的和意义

茶、可可和咖啡是当今世界“三大无酒精饮料”。目前，全世界已有60多个国家和地区种植茶叶，且种植规模有持续上升的趋势。根据国际茶叶委员会（The International Tea Committee）的统计数据，2018年世界茶园面积约488万 hm^2，茶叶产量约589.7万t，如表1–1所示。2009—2018年间，茶叶种植面积共增加133万 hm^2，年均增长率约为3.6%；茶叶产量增加了187.8万t，年均增长率约为4.4%[1–3]。中国是全世界茶叶种植面积最广、茶叶产量最多的国家。

表1–1　2018年全球茶叶产量

序　号	国　家	生产量/万t	同比增长/%
1	中国	261.6	4.79
2	印度	133.9	1.28
3	肯尼亚	49.3	12.08
4	斯里兰卡	30.4	−1.21

续 表

序 号	国 家	生产量/万t	同比增长/%
5	土耳其	25.2	−1.33
6	越南	16.3	−6.86
7	印尼	13.1	−2.24
	……		
	全球总量	589.7	3.49

（资料来源：国际茶叶委员会）

据统计，2021 年我国茶园面积达 32 640.6 km^2，较 2020 年增加 989.33 km^2，其中，可采摘茶园面积约 4 374.58 万 hm^2（同比增加 1 522.67 km^2），占全球茶叶总种植面积 60% 以上[4−5]。2021 年，我国干毛茶产量 306.32 多万 t（较 2020 年增加了 7.72 万 t），占全球茶叶总产量 50% 以上。从茶叶产值来看，2020 年我国干毛茶总产值达 2 626.58 亿元，较 2019 年增加了 230.58 亿元，同比增长了 9.62%。从茶叶消费情况来看，在 2020 年，我国国内茶叶销量（不含进口茶）已达到 220.16 万 t，同比增长 8.69%，茶叶消费水平逐步提高（图 1−1）。2013 年至今，我国茶叶内销价格呈现先上涨后下降的趋势，2018 年价格达到最高点（约为 139.30 元 /kg）。2020 年，我国茶叶价格下降至约 131.20 元 /kg。从茶叶销售价格上可知，大众市场以 100.00 元 /kg 左右的中档茶和大宗茶为主，而礼品茶、高档茶销售量不大[6−7]。因此，研究中档茶和大宗茶的生产过程对提高我国茶叶的经济效益尤为重要。

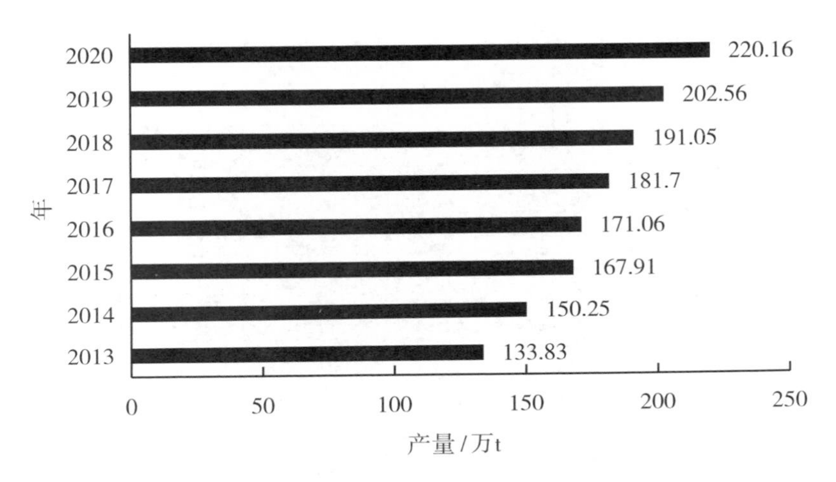

图 1-1　2013—2020 年中国茶叶国内销量

2021 年 12 月,《“十四五”全国农业机械化发展规划》指出突破特色经济作物生产关键环节机械化,“推动标准化果园茶园建设,加快适用装备研发推广,为实现开沟施肥、除草打药、节水灌溉、修剪采摘等生产环节机械化创造条件”。采摘是茶叶生产过程中重要的环节之一,其及时性严重影响了茶叶产量、质量及经济效益[8]。我国共有 18 个主要产茶省市、自治区,多以丘陵和山地茶园为主,茶叶采摘方式主要为手工采摘,大型茶叶采摘机械进行收获的难度较大。但随着近年来城市化进程的加快,单纯从事农业生产的劳动力越来越紧缺,尤其是在茶叶收获时节,严重缺乏有经验的采茶工人。因此,为了及时采摘春茶并保证茶叶质量,不得不高价雇佣采茶工人,甚至有时会出现“有价无市”的用工荒[9-11]。虽然茶叶的采收期长达 6 ～ 7 个月,但为了提高经济效益,应采摘收获价格更高、品质更好的春茶。而春茶的最佳采摘时间仅为 1 个月左右,这导致劳动力供给严重不足,且伴随着农村人口老龄化问题，茶叶采摘成本上升[12-13]。因此，推进高质量机械化采茶已迫在眉睫（图 1–2）。

图 1–2　机械化采茶作业

在自然界中存在许多切割现象，很多动物将食物撕裂、切断或咬断。以茶树害虫蟋蟀为代表，经过漫长进化，其已具备优良的口器结构（咀嚼式口器）。仿蟋蟀的咀嚼式口器研制割刀可以有效地切割茶树茎和叶。因此，本书从蟋蟀口器观察分析出发，针对茶茎秆切割，设计新型仿生割刀，以期达到降低切割功耗、提高采摘质量的目的。

本书针对高质量机械化采茶需求，对茶茎秆仿生切割及切割性能进行深入研究。通过分析割刀结构和运动参数对切割性能的影响，结合工程仿生技术，研究一种减阻降耗的茶茎秆仿生割刀，构建仿生切割相关理论。该研究对切割器结构参数的优化改进提供理论指导，为解决高质量采摘技术难题，实现低功耗、低成本的机械化采茶提供技术基础，对研发高质量采茶机械具有重要的理论和实际意义，同时可以促进茶产业的可持续发展。

1.2　国内外研究现状

1.2.1　机械化采茶技术现状

茶鲜叶采摘是茶叶生长发育的关键环节，也是影响茶叶产量、质量和经济效益的关键因素。传统茶鲜叶的采摘方式为人工采摘，有经验的工人难找且用工量较大，成本较高。随着农村劳动力转移，采茶的“用工荒”逐渐成为制约茶产业发展的技术瓶颈。因此，茶叶机械化采摘势在必行。

1. 国外研究现状

国外对采茶机械的研究比较早，距今已有 100 多年的历史，主要集中在日本和苏联两个国家。日本是最早开展茶叶采摘机械化研究的国家，早在 1910 年，日本已经应用采茶剪（俗称“大剪刀”）进行采茶工作，该机具普及使用了约五十年[14，15]。1955—1975 年，小型手提式动力采茶机、修剪机、双人抬式采茶机陆续研制成功并推广。在 1971 年，日本全国 80% 的茶园基本实现了采茶机械化。然后，采茶机械的研发工作重点从小型化向大型化转变，1976 年大型自走式、乘坐式采茶机研制成功并投入使用，如克罗拉采茶机、鹿岛Ⅲ型采茶机和茶试二号拖拉机装载采茶机等[16]。随着科技日新月异的进步，在近几十年中，日本在大型自走式、乘坐式采茶机的研发方面取得了较大突破。落合刃物工业株式会社和株式会社寺田制作所自主研发了自动化程度较高的履带自驱动乘坐式采茶机并获得了较多的相关专利[17–19]。日本的采茶机械主要有背负式单人采茶机、双人抬式采茶机和乘坐式采茶机，如图 1–3 所示。现在，日本的茶叶机械化水平位居世界首位。

（a）背负式单人采茶机

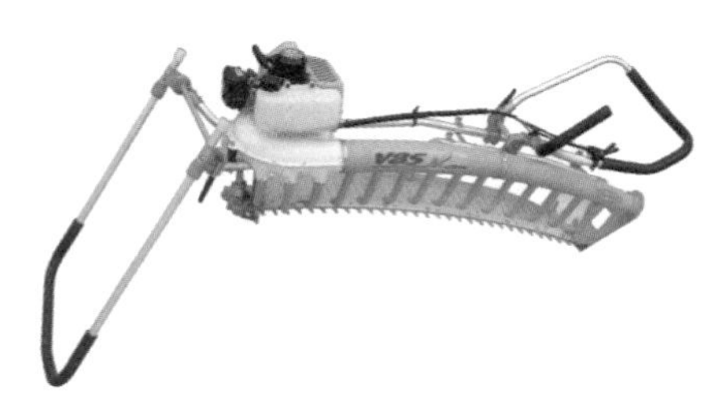

（b）双人抬式采茶机

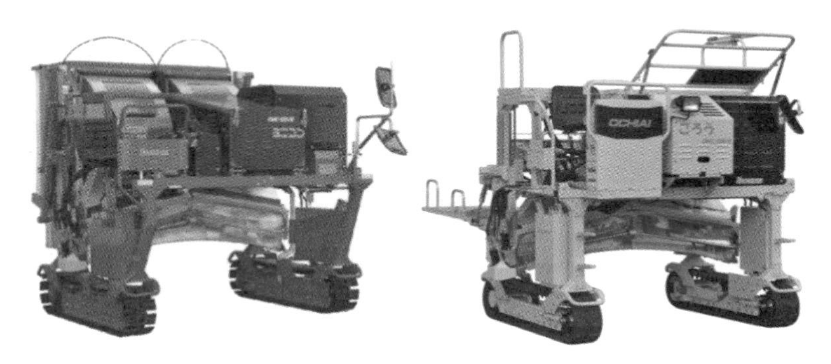

（c）乘坐式采茶机

图 1–3　三种型号采茶机

相对于日本茶叶采摘的机械化研究，苏联开始研发的时间略晚。苏联并未研究小型采茶机械，直接开展大型自走式采茶机械的研究。1930 年，农学家沙多夫斯基设计了第一台三轮型采茶试验样机，其主要工作切割方式为往复式切割。1949 年后，苏联开始对折断式采茶机械进行研究，经过十五年的辛苦研发，于 1965 年研制了一种悬挂在拖拉机上的折断式采茶机（图 1–4）。1970 年，苏联开始研制小型切割式采茶机，并逐步推广使用[20, 21]。在日本和苏联的研究后，法国、英国、澳大利亚、阿根廷、印度、肯尼亚也先后不同程度地开展了采茶机械的研制工作。目前，印度、东非、斯里兰卡等国已基本实现了采茶机械化。

图 1–4　苏联采茶机

随着科技的快速发展，实现茶叶机械化、自动化是国外茶产业的发展趋势，茶叶的高效机械化采摘则需要研究割刀结构参数、运动参数、切割性能等因素对切割效果的影响。

2. 国内研究现状

虽然我国是茶叶种植面积最广、茶叶产量最多的国家，但直到 1955 年，我国才开始进行采茶机械的研究工作。我国研究多种形式的采茶机，包括螺旋滚刀式采茶机、水平钩刀式采茶机、往复切割式采茶机等。20 世纪 90 年代初期，我国采茶机和修剪机的年产量已超过 5 000 台，但由于制造工艺水平不佳，国产采茶机械未得到广泛应用。而后随着国家扶持力度的加大及茶机企业的快速增加，国产采茶机械迅速发展，至今已有 30 余家企事业单位加工采茶机和修剪机[22-23]，如龙朝会设计的一种大型轨道式采茶机[24]、南京农业机械化研究所研制的履带式全自动采茶机[25]、安徽农业大学研制的一种履带自走式采茶机[26]、浙江工业大学研发的乘坐式采茶机等[27]（图 1–5）。虽然国产采茶机械迅速发展，但国内市面上的主流产品仍以日本的采茶机械为主，常用机型，如表 1–2 所示。采茶机的驱动方式主要为三种，即手动式、电机驱动式和汽油机驱动式。移动形式主要分为手提式、单人背负式、双人抬式、手扶式和自走式等。

（a）履带式全自动采茶机

（b）一种履带自走式采茶机

图 1–5　国产采茶机械

表 1-2　国内常用采茶机机型

型　号	刀　型	生产商	备　注
NV45H 型单人采茶机	平型	浙江川崎茶叶机械有限公司	进口组装
AM-100E 型单人采茶机	平型	长沙落合园林采茶机械有限公司	进口组装
4CD-330 型单人采茶机	平型	杭州采茶机械厂	—
4CSW-910 型双人采茶机	弧形	杭州采茶机械厂	—
NCCZ-1000 型双人采茶机	弧型	南昌飞机制造有限公司	—
PHV-100 型双人采茶机	弧型、平型	浙江川崎茶叶机械有限公司	进口组装
V New Z-1000 型双人采茶机	弧型、平型	长沙落合园林采茶机械有限公司	进口组装

按采摘原理的不同，茶叶的采摘方式可分为折断式采摘、拉割式采摘和切割式采摘三类。其中，折断式采摘的机采茶叶的质量最好，完整芽叶多，嫩芽叶的比例可达 90% 以上。但是，折断式采摘的采净率只有 60%～75%，且对茶树损伤较大。此方法所需的采摘结构复杂，制造成本高，采摘工效低，因此应用较少。拉割式采摘具有完整芽叶比例高、破碎叶少的优点，但其采摘工效低，且一直处于原理性试验阶段，因此该采摘方法暂无应用。相对于折断式和拉割式采摘，切割式采摘具有工效高、采净率高的优点。切割式采摘在茶树上叶片和茎秆的损伤主要为切破或切伤，这种伤口一般能够正常愈合 [21]。纵观国内外采茶机械的研究历程及现状，以高采摘效率为要求，结合实际生产需求，常用的采摘方式为切割式采摘。

在切割式采摘中，根据切割器的结构和运动方式的不同，切割式采摘又可分为往复切割式、滚动切割式和旋转切割式。其中，往复式切割效率高，在实际生产中应用最为广泛。但茶叶往复式切割目前仍然存在芽叶完整率不高、漏割率高、重复切割率高等问题需要研究解决。为提高茶叶往复式切割质量、切割效率及芽叶完整率等，有必要进一步开展茶茎秆切割特性和新型切割参数研究。

1.2.2 茎秆切割特性研究现状

为了提高往复式切割质量和切割效率，研究作用对象农业物料（茎秆）的切割特性是茶叶机械化采摘的前提条件。茎秆的切割特性包括机械特性、物理特性、化学组分、微观组织结构等。目前，对于茶茎秆的切割特性的了解还有所欠缺。因此，研究茎秆切割特性是十分重要的。

1. 茎秆切割特性研究

为了设计和开发高效的切割部件，考虑茎秆的切割特性有助于分析切割部件的工作情况，可有效降低研究和开发成本，缩短研发周期[28]。农业物料的切割特性研究起步较早，在20世纪40—50年代就引起了国外相关学者的重视。1970年，美国宾夕法尼亚大学Mohsenin教授在总结前人研究工作的基础上出版了《植物与动物材料的物理特性》一书。该书对接触应力、农产品结构、摩擦性质、机械损伤等农业物料的力学问题进行了全面总结，为研究人员提供了重要参考[29-30]。Neenan和Spencer-smith通过研究发现茎秆的弹性模量、曲率半径与弯曲茎秆的屈曲有重要关系[31]。Prasad等人研究发现玉米茎秆的最大切割力、切割能量与其含水率和横截面积密切相关[32]。Iwaasa等人的研究也得到类似结论，苜蓿茎秆的切割力与茎秆直径、横截面积和重量呈现正相关[33]。Skubisz 对冬季的油菜茎秆进行切割和弯曲试验，获得了油菜茎秆的最大弯曲应力和所需功耗[34]。Ince 等人研究了含水率对向日葵茎秆的弯曲力和弹性模量的影响规律[35]。Tavakoli 等人对小麦茎秆的切割特性进行研究，试验表明茎秆的弹性模量和弯曲力随着含水率的增大而逐渐降低；切割强度、弯曲力和弹性模量随取样高度的提高而减小；茎秆的第 1 ～ 3 节间的切割强度变化范围分别为 6.81 ～ 10.78 MPa，7.02 ～ 11.49 MPa，7.12 ～ 11.78 MPa[36-37]。Esehaghbeygi 等人研究了小麦茎秆的切割应力和弯曲应力随含水率和取样高度等指标的变化规律[38]。Zareiforoush 等人从切割强度、弯曲强度和弹性模量出发，分析节点位置对水稻茎秆切割特性的影响，结果表明：节点位置对切割强度和弹性模量有显著影响；节点位置对弯曲力无显著影响；切割强度、弯曲力和弹性模量的变化范围分别为 8.45 ～ 20.22 MPa，6.70 ～ 9.81 MPa，0.21 ～ 1.38 GPa[39]。Tavakoli 等人对两个水稻品种的茎秆的切割特性进行对比研究，发现不同品种水稻的切割特性明显不同；两个品种的弹性模量的变化范围分别为 0.35 ～ 1.21 GPa 和 0.18 ～ 1.25 GPa；随着取样高度的增加，切割强度和弹性模量逐渐减小[40]。此外，Igathinathane 等人建立了玉米茎秆的切割功耗模型[41-43]。Kushwaha，O’Dogherty 等人发现 8%，10% 低含水率的小麦茎秆较脆，切割强度最小[44-45]。

相比于国外的农业物料切割特性研究，我国起步较晚。但是，随着科技的发展，国内学者也获得了一定的成就。陈玉香等人研究发现，随着玉米茎秆含水率的减小，切割力和切割强度呈上升趋势[46]。刘庆庭等人理论分析了甘蔗茎秆的切割阻力并得出了切割阻力经验公式[47-48]。梁莉和郭玉明利用 SAS 软件对作物的形态特性（株高、节间距、含水率和茎秆质量等）、生物力学和切割特性（茎秆各节间的弹性模量、抗弯刚度、惯性矩、弯曲力等）进行了相关性分析，并确定了大多数形态特性指标都与切割特性指标相关[49-50]。由于含水率与切割强度密切相关，李玉道等人发现当含水率为60%时，茎秆的切割力和切割强度最高；当含水率在30%～50%范围内，切割力和切割强度偏低[51]。同年，杜现军等人利用万能试验机测试棉秆的切割特性，得出当含水率介于30%～50%时，棉秆底部的切割强度最小；随含水率的降低，棉秆的抗弯强度增加，棉秆底部的抗弯强度为4.20～5.08 MPa[52]。陈争光等人通过二次回归正交试验分析玉米茎秆的含水率和取样高度对切割强度的影响，结果表明含水率对玉米茎秆的切割强度影响显著，而取样高度对切割强度无显著影响[53]。伍文杰等人使用万能试验机对油菜茎秆进行了切割切割特性试验，分析不同品种和茎秆直径对切割力的影响，结果表明油菜品种不同，切割力差异不大；茎秆直径与其切割力呈正相关[54]。

2. 茎秆化学组分及微观组织结构

随着国内外学者对茎秆切割特性的研究发现，茎秆为非均质各向异性的复合材料，茎秆的切割特性不仅与其物理特性相关，还与其微观组织和化学组分相关[55-56]。茎秆的强度和刚度主要取决于木质素、纤维素、半纤维素等化学组分含量以及其链接形式[57]。Reddy 和 Yang 研究发现 X 射线和电子显微镜可用于观察玉米茎秆的纤维结构排列[58]。Kronbergs、赵春花等人分别研究了茎秆细胞壁的化学组分与其切割力等参数之间的关系[59-61]。高永毅等人则是从细胞层面上解释了受切割时载荷的传递规律及抵抗机理[62]。Duan 等人研究发现水稻的纤维素含量、木质素含量对抗压强度作用表现为正效应[63]。而后，陈玉香等人研究了切割力、纤维素含量和木质素含量之间的正相关关系，且发现不同部位与化学组分的相关度不同[64]。

综上所述，农业物料切割特性受到诸多因素的影响，如农作物品种、茎秆直径、含水率、弹性模量、微观组织结构、化学组分等。国内外专家学者对农业物料的切割特性研究广泛，研究对象多为常见的玉米、小麦、水稻、棉花等[65-67]，主要的研究方法为试验研究。而作为经济作物的茶叶，其茎秆的切割特性研究很少[68-71]。因此，有必要开展茶茎秆的物理特性、力学特性、化学组分、微观组织结构和切割特性的理论和试验研究，为设计低阻低耗和高效的茎秆割刀，分析茎秆和切割的刀片的接触过程等奠定了理论基础。

1.2.3　往复式切割技术及切割器研究现状

切割器是农作物收获机械重要的组成部件之一，其性能的好坏决定了收获作业能否顺利进行，对提高收获效率、降低收获损失等都具有重要意义。根据结构及工作原理，切割器主要有圆盘回转式、甩刀回转式和往复式三类。其中，往复式切割器的结构简单，适用广泛，工作可靠，能适应一般或较高速的作业要求，目前主要应用于谷物收获机、玉米联合收获机、牧草收割机和采茶机等。

1. 往复式切割在茶叶采摘领域的应用

在茶叶采摘领域，采茶机械的主要采摘方式为往复式切割，日本、苏联等国对其研究比较早。在 20 世纪 60 年代前后，往复切割式采茶机在日本已基本实现普及使用。苏联在 1930 年研制采茶机，该机所使用的切割部件便是往复式切割器。而我国对于往复式切割器的研究主要是采用经验设计或仿制日本采茶机的切割部件。为了设计切割效率优良的割刀或选择适合我国茶园的切割参数，我们有必要对割刀的工作性能进行研究（图 1–6）。影响往复式切割性能的因素比较多，如茶茎秆的切割特性、割刀结构参数、运动参数、采茶机前进速度等[72]。白启厚通过室内试验分析茶茎秆的切割阻力与切割器结构、运动参数间的关系，结果表明茎秆的切割阻力随切割速度的增大而减小；割刀间隙对切割阻力有显著作用[73]。基于切割质量，蒋有光以割刀行程、割刀高度、平均切割速度和刀机速比为因素，利用多元回归正交设计建立数学模型优化参数。通过优化设计得到的参数组合如下：割刀行程为 13.00 mm，割刀高度为 10.00 mm，平均切割速度为 0.25 m/s，刀机速比为 0.80[74–75]。金心怡对国内常见的 8 种机型进行分析，通过试验测定和灰色综合评判确定采茶机和修剪机的最佳刀机速比分别为 0.8 ～ 1.0 和 1.9 ～ 2.2，采茶机和修剪机操作人员的步速分别为 0.5 ～ 0.6 m/ 步和 0.4 ～ 0.5 m/ 步[76]。韩余等人通过 MSC patran & nastran 和 ADAMS 仿真平台建立了弧形往复式切割器模型，分析割刀的运动规律及动力学特性[77]。为了提高茶叶采摘的一次切割率，降低重割率和漏割率，王升利用 ADAMS 软件对往复式割刀进行运动学仿真。基于切割图理论，通过响应面法优化切割参数组合为割刀间距 20 mm，割刀高度 19 mm，切割速比 1.05[78]。

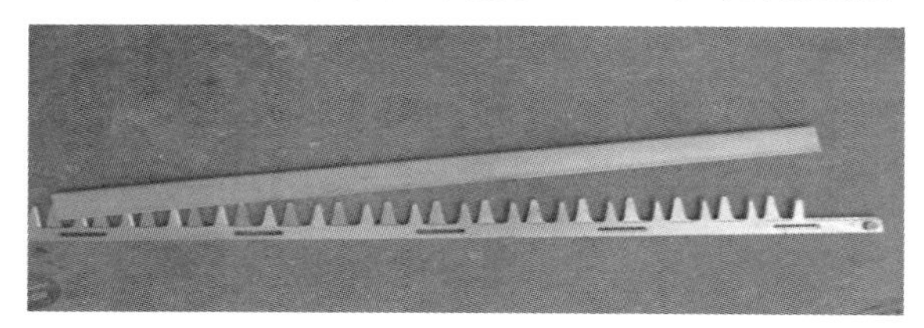

图 1–6　采茶机械的往复式割刀

2. 往复式切割在其他农作物茎秆上的应用现状

农作物的茎秆切割受到很多因素的影响，除了茎秆的固有特性，主要的影响因素是切割参数。切割参数的优化对切割质量的提高、切割效率的提高和切割功耗的降低有至关重要的作用。

基于切割图理论对切割参数的优化。1982 年，张家年提出了用计算机对切割图进行数值计算，有助于进一步了解和分析切割器的技术性能[79]。杨树川等人认为往复式割刀的磨损可以在切割图中反映出来，利用 Matlab 软件可以定量描述一次切割区、重割区和漏割区的面积，结果可知 3 个区域的面积随着割刀的磨损呈线性变化[80]。夏萍等人利用 Matlab 软件对往复式切割器的切割图进行模拟仿真，研究发现切割器类型、割刀齿高、割刀齿距对重割区和漏割区面积有显著影响，而割刀高度对重割区和漏割区面积影响不显著[81]。刘源等人通过切割图确定了最佳刀机速比范围是 0.8 ～ 1.2。同年，徐秀英等人通过对小型牧草收获机的双曲柄连杆机构进行运动分析，得到了割刀位移、速度与曲柄转角的关系，并基于双动割刀运动切割图对割刀的结构参数和割刀间隙进行了优化设计[82]。基于联合收获机往复式切割器的切割图，陈振玉和周小青理论分析了不同切割情况下一次切割区、重割区和漏割区的变化，得到了相应的速度匹配参数[83]。

基于试验数据对切割参数的优化。1987 年，顾洪提出了往复式割刀钳住茎秆的条件：$\alpha_1+\alpha_2 \geqslant 2\phi$，即两个割刀的切割角之和大于或等于两个割刀与茎秆摩擦角之和[84]。为了提高往复式切割器收割龙须草的切割质量和工作效率，罗海峰等人对割刀间隙、切割速度、切割茎秆部位和数量等因素进行单因素试验和正交试验。结果表明：割刀组合形式和割刀间隙对切割力有显著影响；切割速度对切割力的影响较小；斜齿刀和斜光刀的组合可用于龙须草收割[85]。解福祥等人通过虚拟样机技术进行往复式割刀的运动仿真，为切割器的研制工作提供参数依据[86]。施印炎等人使用Pro/E和ADAMS软件建立芦蒿收获机的往复式割刀和芦蒿茎秆的三维模型并进行动力学仿真。通过响应面回归分析割刀的切割速度、前进速度和切割角度对茎秆切割力和重割率的影响，得到的优化参数组合为切割速度1.6 m/s，前进速度1.0 m/s，切割角度15°[87]。为了减小谷物茎秆的切割力和切割功耗，张燕青等人在自制的往复式切割试验台上进行单因素试验和响应面试验。选择收获时间、茎秆部位、切割速度、切割倾角、割刀斜角和不同割刀组合等进行单因素试验，选取对切割力和切割功耗有显著作用的切割倾角、切割速度和割刀斜角为因素进行响应面试验。从试验结果可知，各影响因素对切割功耗的影响次序为切割速度、割刀斜角和切割倾角，且较优切割参数组合为切割速度1.19 m/s，刀片斜角36.4°，切割倾角7.2°，此时单位面积切割功耗和茎秆的切应力分别为22.38 mJ/mm^3和2.88 MPa[88]。此外，还有许多专家学者通过自制的切割试验台或仿真试验优化农作物茎秆的切割参数。

由国内外采茶机械和往复式切割的研究现状可知，采茶机械最为常用的切割方式为往复式切割，割刀结构参数的选取对采摘十分重要。而割刀参数的不匹配，尤其是对茶叶采摘切割的不适应性，造成茶叶采摘效率低、芽叶完整率低等问题，因此适合茶茎秆切割的新型割刀研究是十分有必要的。在现有技术的基础下，考虑茶茎秆切割特性，基于切割图理论或试验分析可以对采茶机械的割刀结构和运动参数进行优化设计，提高切割效率。此外，为了提高茶茎秆的切割质量及往复式切割性能，应采用仿生技术与采茶机械割刀的结构参数结合的方法。

1.2.4 仿生技术在农业工程中的应用

生物学家查尔斯·罗伯特·达尔文（C.R.Darwin）提出“物竞天择，适者生存”，为理解生物系统与自然环境间的关系奠定了理论基础。自然界的生物体经过长期进化，其材料、形态或结构具有许多优异特性，使生物体可以很好地适应环境系统。这些特性可以为人类在机械设计领域提供思路和灵感。在 20 世纪 40 年代以前，人们对生物体和机械设计之间的共性问题缺乏明确认知，但一直在发明和尝试[89-90]。“仿生学”一词的第一次出现是在 1960 年美国第一届仿生学会议上，由美国军医斯蒂尔（Jack Ellwood Steel）博士提出。仿生学（bionics，biomimetics）是由拉丁文“bios”（生命方式）和字尾“nic”（具有……的性质）构成。仿生学是指模仿生物系统特征构建技术系统的科学，或使人造系统具有生物系统特征的科学，即模仿生物系统的科学[91]。

仿生学是生物学和工程技术间的桥梁，涉及生物学、物理学、数学、力学、工程学和生物物理学等学科，成为具有显著特点的交叉科学技术。仿生学将自然界中各类具有优异性能和独特功能原理的生物体加以研究和提炼，并应用于多种工程技术领域（图 1-7）。通过短短几十年的发展，仿生学已成为不可或缺的一门学科，且研究成果显著[92]。Praker 等人参考沙漠甲虫凹凸不平背部的微观结构研发了集水技术，用于设计防水帐篷和建筑覆盖物[93]。蚯蚓依靠环状肌和纵行肌的舒张和收缩向前行进，Kubota 等人利用这种前进方式研发了一种可以爬行的机器人钻头。该仿生钻头可以在月球风化层中高效爬行，提高作业效率[94]。Meyers 等人依照亚马逊食人鱼的牙齿构型特点设计了一种仿生剪刀，可以提高肉类组织的处理效率。这是由于食人鱼的口腔内分布着上下交错的三角形牙齿（图 1–8），且每个锋利的牙齿表面呈微锯齿状分布[95]。

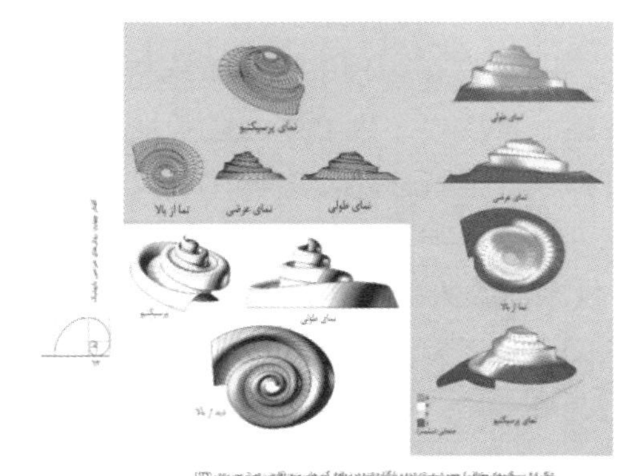

（a）

（b）

图 1–7 仿生学应用

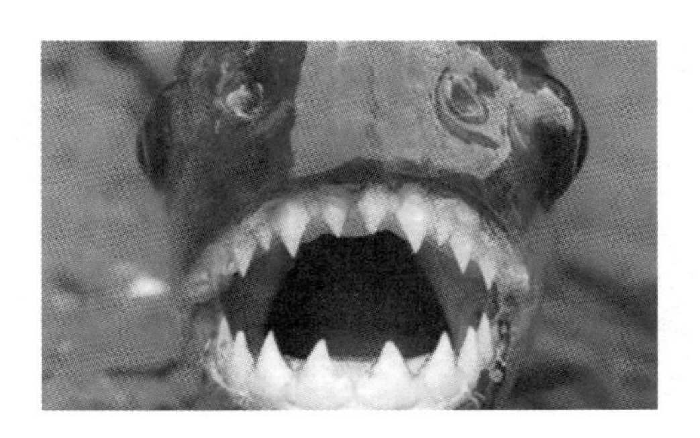

图 1-8　食人鱼牙齿

随着仿生技术的不断发展，仿生元素也逐步应用到农业机械的设计中，解决了很多实际生活中遇到的难题。在我国仿生学的研究工作中，专家学者在农业机械方面取得了较大进步[96-99]。在农业机械化研究领域中的仿生研究主要集中在以下三个方面：结构仿生（减阻、耐磨、耐蚀、防粘等）、功能仿生（智能机器人、机械手、电子鼻等）和外形仿生。其中，外形仿生技术是指通过研究和模拟生物体的外部形态结构，把对生物体原型构建出的数学模型应用到机械结构上的技术。李默根据螳螂前足上刺的锯齿状结构与排列方式设计了仿生切茬刀片[100]（图 1-9），王洪昌基于鼢鼠爪趾的轮廓特征设计了仿生除草铲[101]，李常营仿蝗虫口器设计了切割玉米茎秆的仿生切割锯片[102]。许顺等人通过对竹象虫幼虫的口器研究发现，其切齿的轮廓曲线接近标准的圆弧（图 1-10）。依据这种结构，设计了仿生切碎刀片。当切割卷心菜时，仿生切碎刀片的能量消耗可降低 12.8%，切割效率提高了 12.5%[103]。田昆鹏等人依据天牛上颚切割齿的轮廓曲线设计了大麻收割机的仿生割刀，该刀片具有优秀的减阻降耗性能[104]。因此，外形仿生技术对农业机械的优化设计具有重要作用。

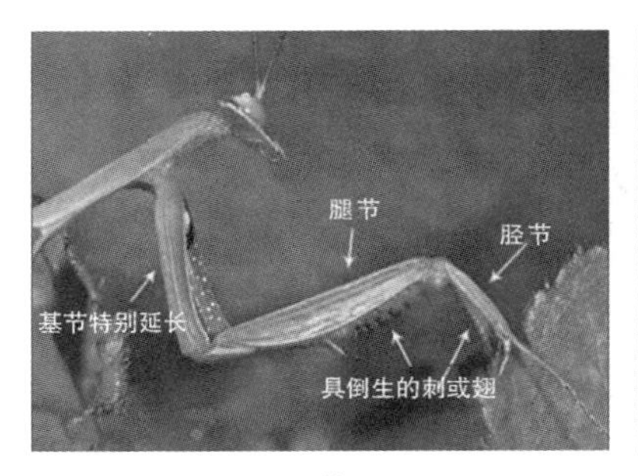

（a）螳螂

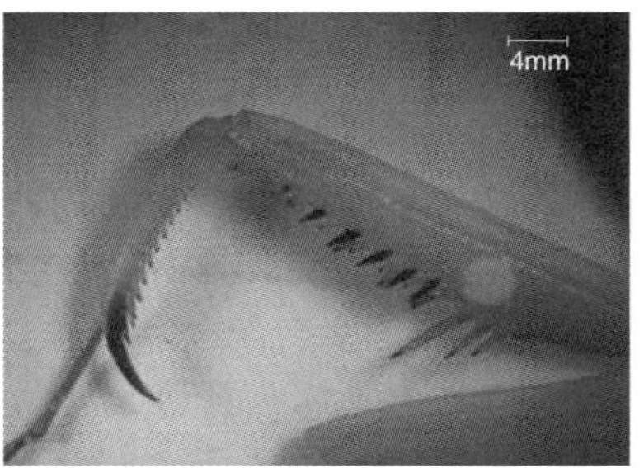

（b）前足上刺

（c）仿生切茬刀片

图 1-9　仿生切茬刀片研制过程

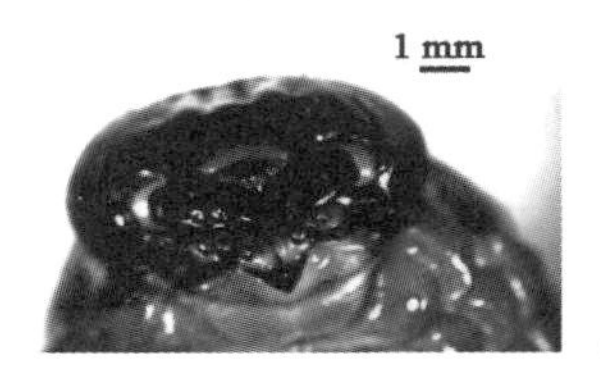

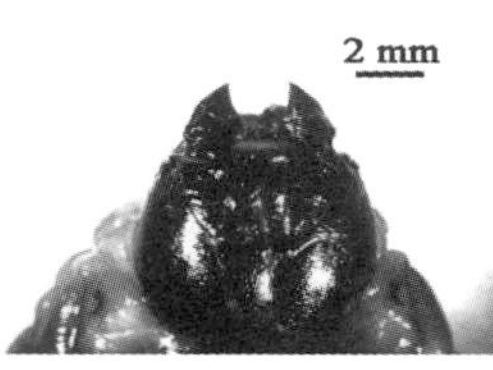

（a）竹象虫幼虫口器

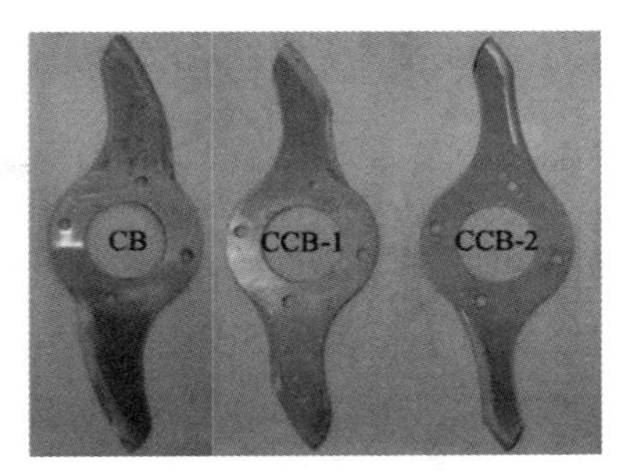

（b）切碎刀片

图 1–10　卷心菜的仿生切碎刀片研制过程

综上所述，基于生物体独特的形态结构和几何特征，将仿生元素应用到农业机械部件的优化设计中可以得到较好的作业效果。因此，为了降低切割阻力、功耗，提高切割质量，将外形仿生技术与采茶机械割刀的参数设计结合是一种行之有效的方法。

1.3　主要研究内容和方法

1.3.1　研究内容

割刀是茶叶采摘机械中最重要部件之一，有效地设计出减阻降耗且高质量切割的割刀是茶叶收获的关键问题。本书以茶茎秆为研究对象，结合物理特性和化学组分，从切割特性和微观组织结构入手，研究茶茎秆切割；从茎秆支撑方式、切割方式、割刀结构和运动参数着手，分析对切割性能的影响规律，优化切割参数；借鉴蟋蟀上颚切齿叶的形态结构，设计出一系列仿生割刀，并利用有限元仿真模拟、室内切割性能试验和田间试验对仿生割刀和普通割刀的切割性能进行对比。主要研究内容如下。

1. 茶茎秆微观组织结构与切割特性研究

以茶茎秆为研究对象，从切割特性和微观组织结构入手，研究茶茎秆切割。对茎秆的物理特性、力学特性、化学组分和切割特性进行灰色关联分析，构建茶茎秆的切割特性参数（弯曲力和切割力）模型。

2. 仿生对象蟋蟀上颚切齿叶的形态结构研究

基于蟋蟀上颚轮廓曲线的二阶导函数、曲率和上颚切割的实际工作情况，确定上颚切齿叶结构为割刀的仿生对象；利用数码显微系统观察切齿叶的形态结构，对其轮廓曲线进行提取、拟合和分析；对上颚结构进行扫描电镜的微观结构观察和能谱分析。

3. 茶茎秆切割研究与仿生割刀设计

基于茶茎秆切割的理论研究，确定茎秆切割方式。根据茶茎秆的切槽形态，分析割刀的刃角对切割性能的影响；建立割刀运动学模型，基于切割图理论和响应面法分析齿顶宽度、齿根宽度、齿高、齿距和刀机速比对一次切割率、重割率和漏割率的影响，在约束范围内优化出切割参数组合。运用仿生思想将蟋蟀上颚切齿叶的形态结构与优化的切割参数结合，设计仿生割刀。

4. 仿生切割的有限元模拟及切割性能试验研究

基于仿生割刀，建立其有限元模型，结合茶茎秆模型进行仿生切割模拟，然后进行室内切割性能试验，以切割力和切割功耗为指标，验证仿生割刀与普通割刀的切割性能。

5. 仿生切割的田间性能试验研究

通过茶茎秆田间采摘试验，对比分析不同茶树品种和割刀类型参数下的切割性能。以刀机速比、切割倾角和割刀类型为主要影响因素进行切割性能正交试验，得到各因素对芽叶完整率和漏割率影响的主次关系，并确定茶茎秆切割的较优方案。

1.3.2　研究方法

采用理论与分析结合、仿真与试验兼顾的研究方法确定茶茎秆切割较优参数组合。基于本书的主要研究内容，研究的技术路线，如图 1-11 所示。

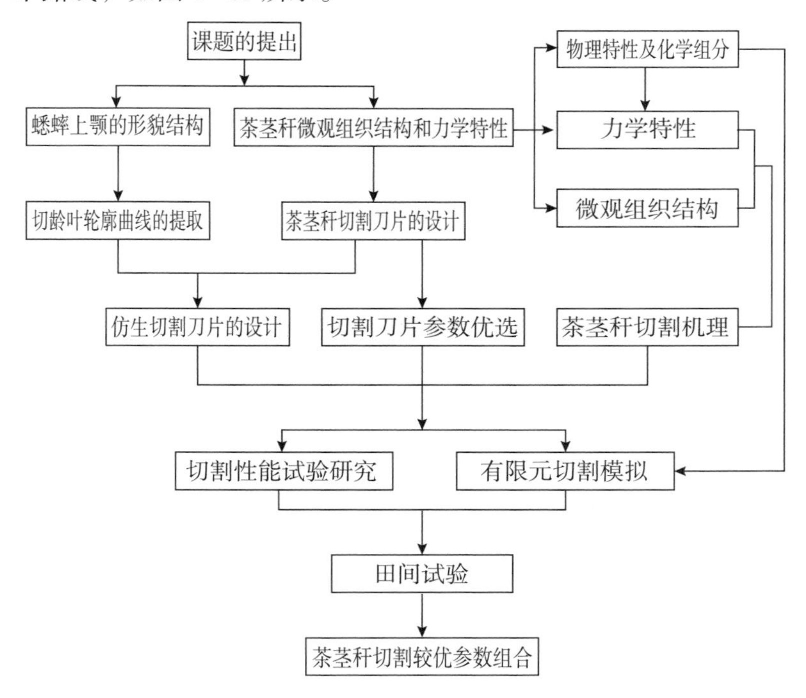

图 1-11　研究的技术路线

本书从茶茎秆切割特性和仿生对象的形貌结构两个方面开展研究工作。首先，基于茶茎秆的微观组织结构及切割力曲线，研究茶茎秆切割；研究茶茎秆的物理特性、力学特性和化学组分，建立茶茎秆的切割特性参数模型。其次，通过研究蟋蟀上颚的形貌结构确定上颚的切齿叶结构为仿生对象，并对其轮廓曲线进行提取，为优化仿生割刀的结构参数提供理论依据。再次，基于茶茎秆切割特性，优化割刀结构和运动参数，结合仿生元素设计仿生割刀，以降低切割阻力和功耗。最后，构建茶茎秆和仿生割刀三维模型，进行有限元切割仿真，同时进行仿生切割性能试验研究；搭建田间试验台架，测试仿生割刀的切割性能，确定茶茎秆切割的较优参数组合。

1.4 本章小结

本章阐述了本研究的研究背景、目的和意义，分析了机械化采茶技术、农作物茎秆切割特性、往复式切割技术和农业工程领域中仿生技术应用的国内外研究现状。通过分析确定了本书的茶茎秆切割特性、茶茎秆切割方式、往复式切割参数、仿生切割性能等主要研究内容，根据具体研究内容的任务分解确定了相应的研究方法及总体研究技术路线。

第2章　茶茎秆微观组织结构及切割特性研究

采茶机械切割作业的目标对象为茶茎秆，茎秆的切割特性与其采摘方式、采茶机械割刀的结构和运动参数等密切相关。目前，国内外学者对采茶机械的研究主要集中在割刀的研发上，能够满足日常采摘的工作要求，但缺少将割刀的设计与茶茎秆的切割特性的有效结合。作为一种复合材料，茶茎秆的切割特性主要取决于其物理特性、宏观和微观组织结构、化学组分、力学特性及切割特性等因素。本章主要研究茶茎秆的物理特性、化学组分、微观组织结构、力学特性及切割特性，研究茶茎秆切割并对其切割特性进行表征。

2.1　试验材料与方法

2.1.1　试验材料

试验地点为江苏省丹阳市迈春茶场（北纬 32°01′26.1"，东经 119°40′45.3", 海拔 18 m），属于长江中下游丘陵地区。茶行走向为南北向，行间距约为 1.5 m，冠层宽度约为 1.2 m，分枝较多且密。茶叶品种为中茶 108，树龄约 12 a，所选取茎秆样本无表皮破损、开裂等明显缺陷且无虫害损伤。当机械化采茶时，大宗茶鲜叶的要求一般为一芽三叶或一芽四叶及对夹叶，名优茶的新梢长度一般取 4 cm 左右为宜[105-106]。因此，机械化采茶的切割部位多以茎秆的第三节、第四节为主。

试验仪器：FOSS 半自动纤维分析仪（Fibertec M6，丹麦）、TA.XTplus 型质构仪（SMS 公司，英国）、BT125D 型电子天平（Sartorius，德国）、101-00 型真空干燥箱（Huyue，中国）、MNT-150T 电子数显游标卡尺（MNT，德国）、KEYENCE 型数码显微系统（VHX-900F，日本）、Micro-CT 100 型扫描仪（Scanco Medical AG，瑞士）、剪刀等，部分仪器如图 2-1 所示。

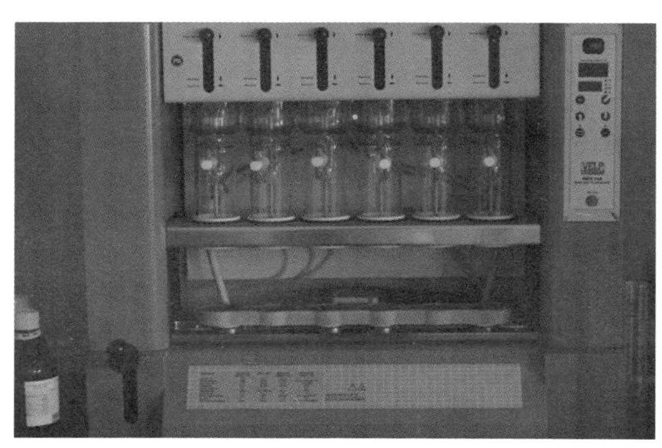

（a）半自动纤维分析仪

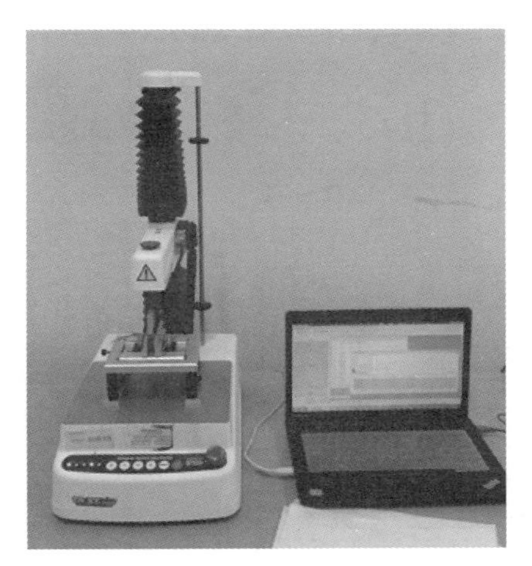

（b）质构仪

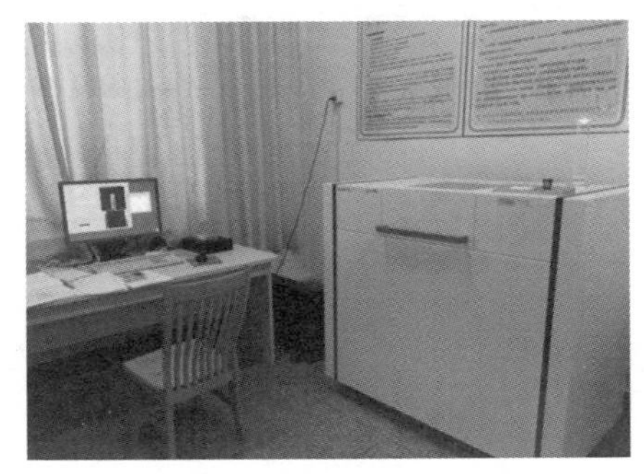

（c）扫描仪

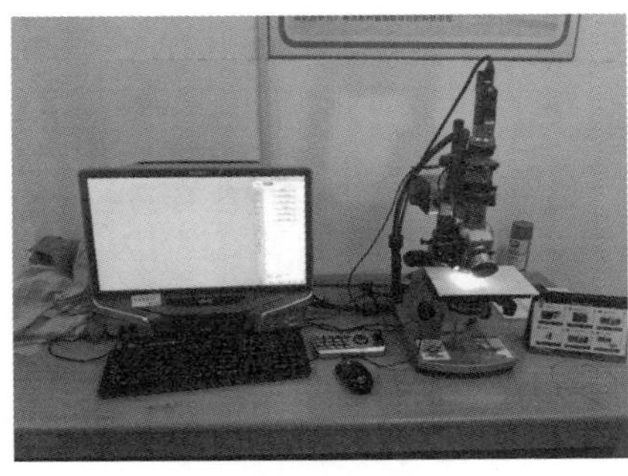

（d）数码显微系统

（e）电子天平

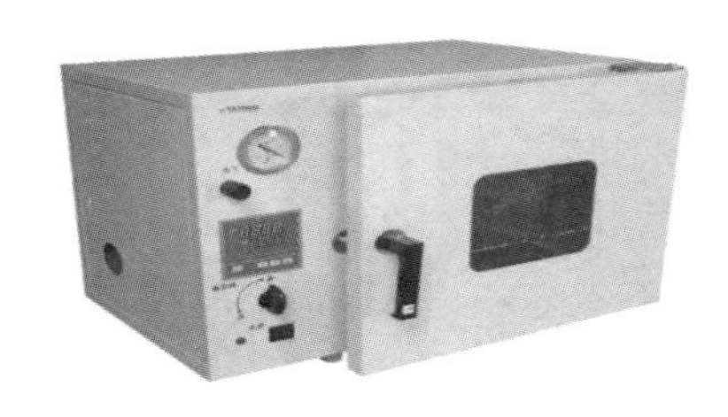

（f）真空干燥箱

图 2-1　试验仪器

其中，FOSS 半自动纤维分析仪的检测原理为 Van Soest 方法，其技术参数如下：样品量的范围为 0.5 ～ 3.0 g，检测范围为 0.1% ～ 100%，最大误差绝对值为 0.4。半自动纤维分析仪工作时使用的化学药品主要包括 $C_{12}H_{25}SO_4Na$、Na_2HPO_4、$C_{19}H_{42}BrN$、H_2SO_4 等。TA.XTplus 型质构仪由计算机、控制键盘、加载试验台和探头组成。该装置具有 0.1 ～ 295.0 mm 的宽移动距离，在 0.1 ～ 10.0 mm/s 的移动速度下，力的测量精度为 0.025%。BT125D 型电子天平精度为 0.01 mg，MNT−150T 电子数显游标卡尺的精度为 0.01 mm。Micro−CT 100 型扫描仪的最大分辨率为 4 μm，峰值能量范围从 30kVp 到 90 kVp。

2.1.2　试验方法

茶茎秆的固有特性包括物理特性、力学特性和化学组分等。茶茎秆作为一种复合材料，其切割特性与物理特性、宏观和微观组织结构、化学组分及力学特性密切相关。研究茶茎秆的微观组织结构和切割特性是研究茶茎秆切割的首要任务。因此，本试验分为两类，试验方法如下。

1. 茶茎秆微观组织结构分析方法

根据实际情况，选取第一至五节新鲜茎秆为试验样本，用解剖刀进行切片，厚度约为 4 mm。按照从上到下的顺序，分别为第一节（1st）、第二节（2nd）、第三节（3rd）、第四节（4th）和第五节（5th），如图 2−2 所示。将切片放置在数码显微系统下观测茎秆的微观结构，并拍照、储存。

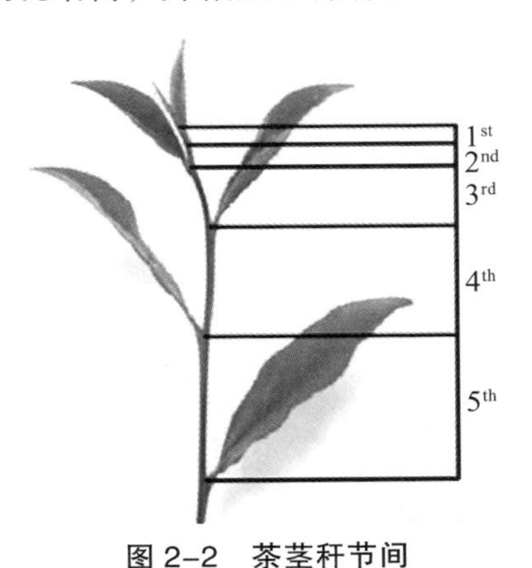

图 2−2　茶茎秆节间

利用 X 射线计算机断层扫描技术对茎秆的微观结构进行

扫描，然后通过图像处理分析茎秆横截面结构。在本试验中，45 kV、88 μA、4 W 的射线源和 1 024×1 024 像素的 200 层图片被选定[107]。为了便于观察和分析，将茶茎秆固定在扫描桶内的海绵上，茎秆柄轴方向与扫描桶的垂直线平行。为了获得样本特征，利用阈值分割法将样本与空域分离[108]。阈值分割法是一种区域图像分割技术，包括图像二值化分割、双峰分割和最大方差自动阈值法。本书选择双峰分割作为阈值分割方法[109]，将分割后的图像进行二值化和降噪处理，以降低随机噪声。采用 3×3 窗口的中值滤波可以有效去除斑点噪声和胡椒粉噪声[110]。

2. 茶茎秆切割特性分析方法

（1）物理和力学特性测试

茶茎秆的物理特性参数包括直径、含水率、惯性矩等。利用干燥法测量茎秆不同节间的含水率，然后计算其平均含水率。使用电子天平对第一至五节茎秆依次称重，记录其重量依次为 m_{fi}（i=1，2，3，4，5），放入真空干燥箱内进行 105 ℃烘干至恒重。而后计算茎秆含水率，重复测试 3 次，取平均值。当烘干后两次称重相差不超过 0.005 g 时，记录当前重量为 m_{li}，则茎秆的含水率 m_i 为

$$m_i = \frac{m_{fi} - m_{li}}{m_{fi}} \times 100\% \quad (2\text{-}1)$$

惯性矩为有方向性的物理量，通常被用作描述一个物体抵抗弯曲的能力。惯性矩可由式（2-2）计算得到，其中茎秆直径由电子数显游标卡尺测量。

$$I_b = \frac{\pi D^4}{64} \quad (2\text{-}2)$$

式中：I_b 为惯性矩，mm^4；D 为茎秆直径的平均值，mm。

通过弯曲试验，得到茎秆的载荷 – 位移曲线，然后间接求出弹性模量 E，其计算公式如式（2–3）所示[111]。

$$E = \frac{F_b l^3}{64 I_b \delta} \tag{2-3}$$

式中：l 为两个支撑柱间的距离，mm；δ 为弯曲挠度，mm；F_b 为弯曲力，N。

（2）化学组分测定

茶茎秆的化学组主要为半纤维素、纤维素和木质素。利用 FOSS 半自动纤维分析仪测定了茶茎秆不同节间的半纤维素、纤维素和木质素含量。酸性洗涤纤维（acid detergent fiber，ADF）和中性洗涤纤维（neutral detergent fiber，NDF）表示为[112]：

$$y_1 = \frac{W_1 - W_3}{W} \times 100\% \tag{2-4}$$

$$y_2 = \frac{W_2 - W_3}{W} \times 100\% \tag{2-5}$$

式中：y_1 为 ADF 的质量分数，%；y_2 为 NDF 的质量分数，%；W 为样本重量，g；W_1 为玻璃坩埚和 ADF 重量，g；W_2 为玻璃坩埚和 NDF 重量，g；W_3 为玻璃坩埚重量，g。

半纤维素、纤维素和木质素质量分数的计算公式如下：

$$y_3 = y_1 - y_2 \tag{2-6}$$

$$y_4 = y_1 - y_6 \tag{2-7}$$

$$y_5 = y_6 - y_7 \tag{2-8}$$

式中：y_3 为半纤维素的质量分数，%；y_4 为纤维素的质量分数，%；

y_5 为木质素的质量分数，%；y_6 为经过 72% 硫酸处理后残渣的质量分数，%；y_7 为粗灰分的质量分数，%。

（3）切割特性测定与模型的建立

茶叶采摘时，茶茎秆的主要切割特性为弯曲力和切割力，使用质构仪进行弯曲试验和切割试验。为保证测试精度，在试验前需要先进行力量和高度校正，计算样本与探头的距离并保持无载荷状态。依据前期试验，设定探头的加载速度为 1.0 mm/s。试验时，仪器自动记录力、时间和位移 [113]。

灰色关联分析由邓聚龙教授创立，可以解决多因素之间复杂的相互关系，简化模型参数，同时获得灰色关联度 [114]。为简化模型参数，本书以切割特性参数（弯曲力、切割力）及其影响因素（茎节数、直径、节间距、含水率、断裂挠度、惯性矩、弹性模量、半纤维素含量、纤维素含量、木质素含量）为灰元，建立灰色系统分析灰关联 [115]。灰色关联分析的程序如下。

影响切割特性的因素包括物理特性参数、化学组分、力学特性参数等混合参数，其维度不同。因此，对原始数据进行线性归一化处理，将不同量纲和数量级的数据转化成可以进行数学运算的具有相同量纲、数量级且具有可比性的数据。归一化处理，即数据预处理，定义如下：

$$X_t(k)=\frac{x_t(k)-\min\limits_t x_t(k)}{\max\limits_t x_t(k)-\min\limits_t x_t(k)} \tag{2-9}$$

式中：X_t（k）为标准化值；min x_t（k）为第一级的最小值；max x_t（k）为第一级的最大值；t 为试验编号（t=1，2，3，…，10）；

k＝1，2，3，…，n。

第二步是测定偏差序列 Δx_i（k）。（i= 1，2，3，…，10）

$$\Delta x_i(k)=\left|X_i(k)-X_0(k)\right| \tag{2-10}$$

第三步是确定最佳与实际归一化数据之间的灰色关联系数。相关系数越大，相关程度越高。灰色关联系数的计算公式如下：

$$Y_i(k)=\frac{\min\limits_t\min\limits_k\Delta x_t(k)+\mu\max\limits_t\max\limits_k\Delta x_i(k)}{\Delta x_i(k)+\mu\max\limits_t\max\limits_k\Delta x_i(k)} \tag{2-11}$$

式中：Y_i（k）为灰色关联系数；minmin Δx_i（k）为第二级的最小值；maxmax Δx_i（k）为第二级的最大值；μ是分辨系数，一般取0.5。

第四步是计算灰色关联度，即灰色关联系数的平均值。灰色关联度的定义如下：

$$\gamma_i=\frac{1}{n}\sum_{k=1}^{n}Y_i(k) \tag{2-12}$$

式中：γ_i 为灰色关联度；n 为性能特征的个数。

计算各影响因素的灰色关联系数和相应的灰色关联度，比较灰色关联度，从而计算因素对研究对象的影响程度。然后，根据灰色关联度选取影响因素，建立弯曲力和切割力模型。

当样本数据较少且具有多重共线性时，偏最小二乘回归可以提供更稳定的结果。由于本书的自变量（影响因素）较多，因此选择偏最小二乘回归为建模方法，用来表征和推断因变量和自变量之间的关系。除灰色关联分析外，主成分分析可用于解决共线性问题，并减少回归分析变量数量，然后通过多元线性回归算法建立切割特性参数模型。多元线性回归是简单线性回归的推广，用于研究因变量与多自变量之间的关系。

本书采用偏最小二乘回归、主成分分析结合多元线性回归、灰色关联分析结合多元线性回归等方法，建立了茶茎秆切割特性参数（弯曲力、切割力）与其影响因素的数学模型。利用决定系数（R_c^2 和 R_p^2）和均方根误差（RMSEC 和 RMSEP）比较不同方法的建模效果。R_c^2 和 R_p^2 分别为校正和预测的决定系数。RMSEC 和 RMSEP 分别为校正和预测的均方根误差。选取 15 组数据作为校准数据集，建立弯曲力和切割力模型。10 组数据作为预测数据集对模型进行检验。采用 Excel、Origin 和 DPS 等软件对统计数据进行收集和分析。

2.2 茶茎秆微观组织结构分析

如图 2–3（a）所示为基于数码显微系统的茶茎秆微观组织结构照片，如图 2–3（b）所示为基于 Micro–CT 扫描仪的茶茎秆微观组织结构图片。从图 2–3 中可以看出，茶茎秆是一种复合材料，主要由表皮、皮层、韧皮部、形成层、木质层和髓部组成。表皮和皮层在茎的最外层，起到保护作用。茎的中央近似柱状部分为维管束和髓部。其中，维管束包括韧皮部、形成层和木质部。韧皮部位于皮层和形成层之间，由筛管、伴细胞、韧皮纤维和薄壁细胞组成。其功能是运输茶树所需的碳水化合物。髓部是茎的中心，由柔软的、海绵样的薄壁细胞组成。李远志和赖红华通过分析茶茎秆的生理基础，并利用扫描电镜观察茶茎秆的微观结构，也得出了与本书相似的组织排列[116]。

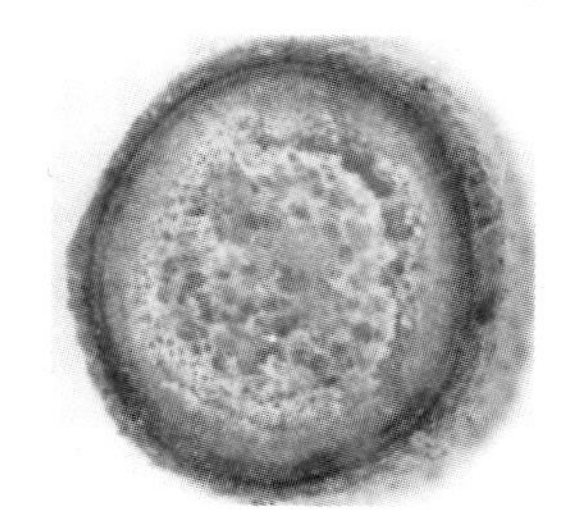

（a）茶茎秆的数码显微照片

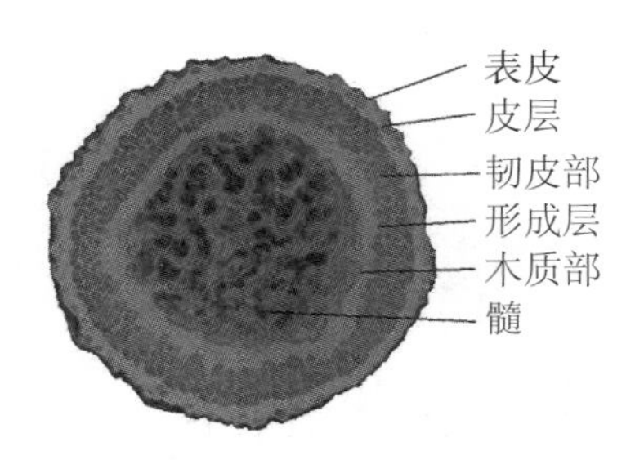

（b）茶茎秆的 CT 扫描图片

图 2-3　茶茎秆的微观组织结构

在进行茶茎秆建模时，为真实反映茎秆内部结构，应构建六层结构。但由于六层结构过于复杂，因此需要模型简化。基于每层结构的密度不同，本研究采用 X 射线计算机断层扫描技术对茎秆微观结构进行扫描、分析。X 射线的衰减能力可以反映不同结构间密度的差异。基于密度差异，对茶茎秆模型的内部结构进行简化。使用 Micro-CT 扫描仪对茶茎秆的横截面进行扫描，如图 2-3（b）所示。

根据有效的 X 射线衰减系数，CT 图像由从黑到白的不同灰度体素组成。有效的 X 射线衰减系数以图中每个数据点的体素为特征 [117]。X 射线的吸收率与图像灰度值有关，较高的吸收部分（较亮的区域）对应较高的灰度值，较低的吸收部分（较暗的区域）对应较低的灰度值。如图 2-4 所示为茶茎秆二维切片图像的灰度直方图。灰度直方图的双峰分别为 0 和 24。根据双峰分割的原理，最佳分割阈值为中间灰度值 12。扫描后的图像结果，如图 2-5 所示。从图 2-5 中可以看出，茶茎秆的结构可以分为四部分：髓、木质部、韧皮部和皮层。

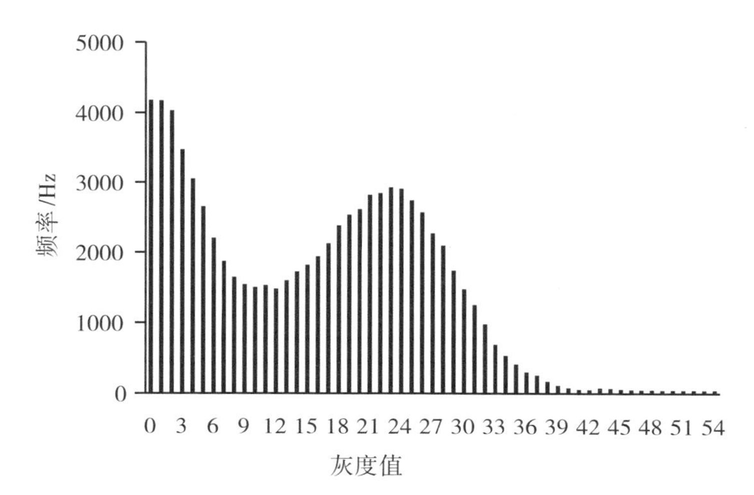

图 2-4 灰色直方图

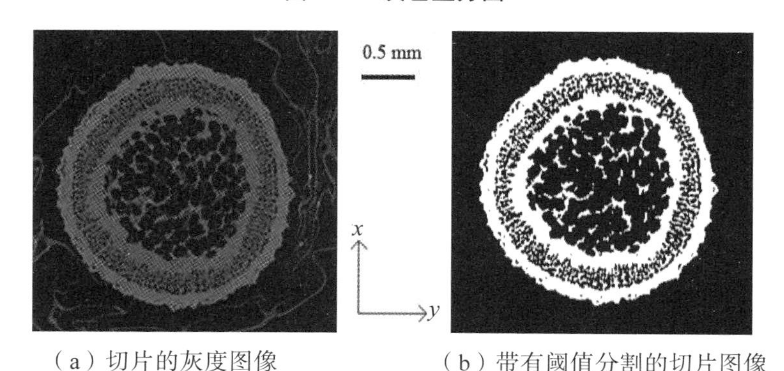

（a）切片的灰度图像

（b）带有阈值分割的切片图像

图 2-5 茶茎秆的 Micro-CT 图片

一般来说，切割是削减木质纤维素材料的最有效方法。当茶茎秆被刀具切割时，刀具与表皮的接触面是一条直线。不同组织结构被切割时，切割力有所不同。茶茎秆的髓部不均匀且内部松质较软，当髓体被切割时消耗的能量很少。因此，切削髓体的能量消耗可以被忽略。

茶茎秆的切割过程可以分为两个阶段。第一阶段：切割力作用于支撑植物的木质部。第二阶段：切割力作用于茎秆的机械组织皮层和韧皮部。皮层和木质部结构是切削力曲线上出现两个峰的原因（图 2–6）。由图 2–7（b）和（c）可知，在茎秆破坏前出现了压缩变形。由图 2–7（a）和（b）中可知，在压缩阶段茎秆的木质部结构受到了破坏。综合图 2–6 和图 2–7 可知，茎秆切割力曲线的第一峰值和第二峰值分别代表了破坏木质部和皮层的最大值。Leblicq 等 [118] 研究植物茎秆的变形行为以及茎秆与力的相互作用，也得到了类似的结论。他们认为可以用两个连续的阶段（椭圆形和屈曲）来解释茎秆断裂。因此，茶茎秆的切割过程可以简化为两个阶段：木质部切割和皮层切割。

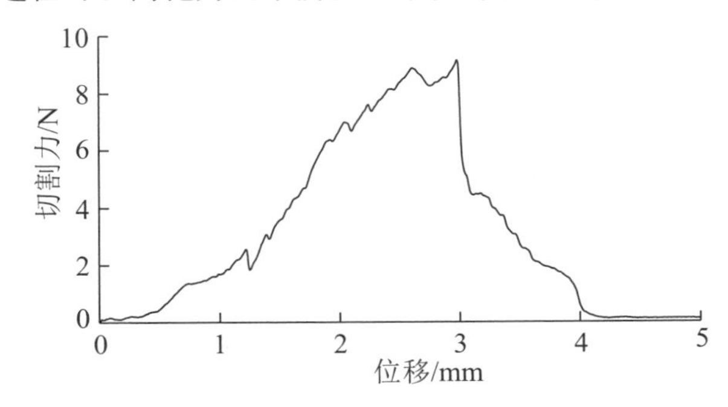

图 2–6　茶茎秆的切割力 – 位移曲线

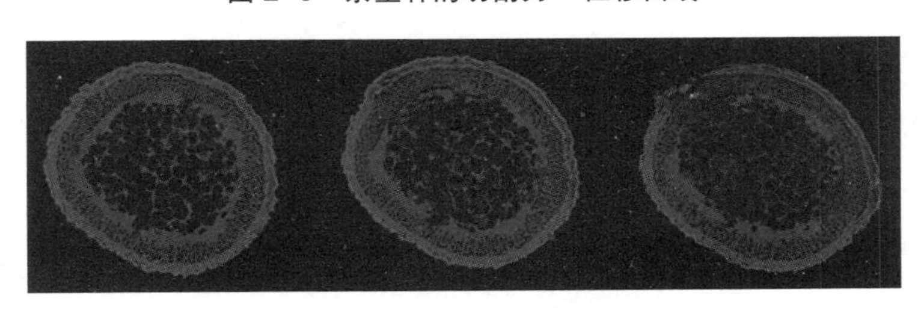

（a）初始阶段　　（b）茎秆变形阶段　　（c）茎秆破坏阶段

图 2–7　基于 Micro–CT 图片的茎秆破坏过程

2.3 茶茎秆物理和力学特性研究

茶茎秆物理和力学特性是固有性能，包括直径、节间距、含水率、惯性矩和弹性模量等。表 2-1 为茶茎秆的直径和节间距。

表 2-1 茶茎秆的直径和节间距

编号	直径/mm					节间距/mm				
	第一节	第二节	第三节	第四节	第五节	第一节	第二节	第三节	第四节	第五节
1	1.90	2.28	2.34	2.56	2.67	10.06	12.12	19.13	16.29	27.63
2	1.86	2.27	2.22	2.92	3.29	8.47	12.28	18.54	26.13	29.32
3	2.04	2.11	2.35	2.75	2.90	7.57	15.89	18.10	24.71	36.64
4	2.03	2.47	2.48	2.56	2.82	6.46	15.58	20.34	28.43	19.15
5	1.98	2.30	2.45	2.50	2.60	10.64	18.65	20.92	30.24	34.69
6	2.10	2.14	2.26	2.44	2.54	7.37	12.39	16.45	17.85	25.46
7	2.00	2.25	2.50	2.74	3.00	9.37	18.16	23.90	34.75	43.32
8	2.07	2.18	2.34	2.40	2.63	7.57	12.41	25.43	28.63	33.94
9	1.79	2.22	2.27	2.59	2.67	5.58	14.37	19.41	23.32	27.06
10	2.06	2.25	2.28	2.46	2.70	6.40	11.68	17.38	19.26	27.18
11	2.02	2.77	2.34	2.60	2.83	7.82	16.16	21.71	26.15	38.90
12	1.98	2.11	2.46	2.69	2.89	8.15	19.39	22.39	40.71	42.08
13	2.16	2.06	2.39	2.41	2.72	6.20	9.71	17.56	18.14	23.03
14	1.73	2.12	2.48	2.56	2.74	9.55	12.74	16.86	16.88	21.74
15	1.93	2.25	2.28	2.44	2.64	7.66	19.91	34.27	40.81	50.13

续　表

编号	直径/mm					节间距/mm				
	第一节	第二节	第三节	第四节	第五节	第一节	第二节	第三节	第四节	第五节
16	2.05	2.07	2.24	2.44	2.79	9.05	16.26	16.17	23.16	30.96
17	2.01	2.12	2.24	2.56	2.65	6.09	13.19	17.76	21.20	35.84
18	1.80	1.91	2.24	2.34	2.67	8.25	18.37	29.10	35.04	40.18
19	1.93	2.40	2.57	2.60	2.71	4.62	11.12	15.49	29.59	39.33
20	1.86	2.24	2.59	2.74	2.67	11.77	24.98	23.93	27.90	40.05
21	2.09	2.47	2.55	2.64	2.92	4.78	12.91	18.68	26.97	34.08
22	2.22	2.25	2.51	2.67	2.74	9.99	12.26	17.53	18.49	27.25
23	2.08	2.27	2.41	2.78	2.76	10.29	22.14	25.49	36.35	50.68
24	2.15	2.42	2.58	2.68	2.85	9.57	17.14	22.20	45.31	51.64
25	1.86	2.25	2.40	2.44	2.63	9.11	13.99	24.21	23.81	41.08
26	2.02	2.37	2.48	2.50	2.67	7.09	10.44	18.71	37.50	37.81
27	2.19	2.50	2.66	2.89	3.09	9.47	20.23	22.38	29.74	28.44
28	2.03	2.36	2.46	2.51	2.58	7.83	20.21	19.77	26.63	32.32
29	2.12	2.39	2.54	2.56	2.71	8.58	18.61	25.57	26.32	33.81
30	2.08	2.15	2.56	2.80	3.39	8.19	14.06	16.46	26.23	34.41
31	2.00	2.25	2.42	2.54	2.82	15.10	19.13	24.27	29.51	32.50
32	2.14	2.22	2.35	2.65	2.74	9.02	12.99	20.71	18.88	29.14
33	2.00	2.35	2.47	2.49	2.57	9.92	14.25	15.80	19.66	19.50
34	2.10	2.44	2.58	2.71	2.87	7.03	13.95	17.50	23.05	26.89
35	2.14	2.41	2.48	2.54	2.95	13.90	22.04	32.04	38.47	42.43

续　表

编号	直径/mm					节间距/mm				
	第一节	第二节	第三节	第四节	第五节	第一节	第二节	第三节	第四节	第五节
36	1.96	2.54	2.56	2.56	2.59	11.70	13.85	17.40	17.84	25.92
37	2.03	2.10	2.60	2.77	3.01	12.73	18.84	27.08	36.70	38.90
38	1.92	2.31	2.47	2.62	2.85	7.17	12.08	20.64	25.42	42.34
39	2.07	2.15	2.42	2.58	2.80	7.00	14.07	19.43	25.60	48.30
40	2.02	2.34	2.65	2.57	2.66	7.01	12.69	14.78	21.03	17.10
平均值	2.01	2.28	2.44	2.60	2.78	8.60	15.53	20.89	27.07	34.03
标准差	0.110	0.157	0.122	0.133	0.182	2.252	3.617	4.446	7.330	8.691

通过式（2-1）～式（2-3）分别计算茎秆的含水率、惯性矩和弹性模量，结果如表 2-2 所示。

表 2-2　茶茎秆的含水率、惯性矩和弹性模量

茎节数	含水率/%	断裂挠度/mm	惯性矩/mm^4	弹性模量/MPa
1	77.860	3.884	0.806	70.663
2	80.660	2.724	1.318	72.549
3	76.060	4.252	1.731	54.278
4	75.300	4.256	2.226	52.962
5	73.940	3.670	2.946	62.080

续　表

茎节数	含水率/%	断裂挠度/mm	惯性矩/mm⁴	弹性模量/MPa
平均值	76.764	3.757	1.805	62.506
标准差	2.324	0.563	0.738	8.079

在茶茎秆第一节至第五节内，直径均值范围为 2.01 ～ 2.78 mm，节间距范围为 8.60 ～ 34.03 mm，惯性矩范围为 0.806 ～ 2.946 mm^4，其平均值分别为 2.42 mm、21.22 mm，1.805 mm^4。含水率、断裂挠度、弹性模量的范围分别为 73.94% ～ 80.66%、2.724 ～ 4.256 mm，52.962 ～ 72.549 MPa，其平均值分别为 76.764%，3.757 mm，62.507 MPa。由表 2–2 和图 2–8 可知，随茎节数提高，茎秆直径、惯性矩和节间距逐渐增大；茎节数对含水率、断裂挠度和弹性模量的影响不显著。

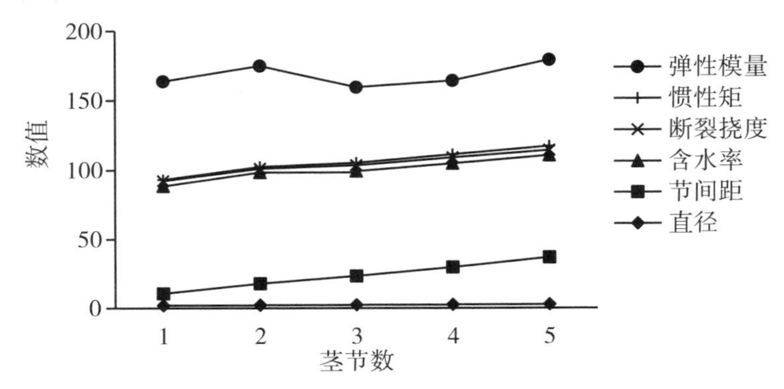

图 2–8　茶茎秆的物理和力学特性

2.4　茶茎秆化学组分分析

基于 Van Soest 方法，由式（2–4）～式（2–8）计算出茶茎秆化学组分的质量分数，结果如表 2–3 所示。在茎节

第一至五节中，半纤维素的含量范围为 8.204% ～ 15.816%，纤维素含量范围为 4.843% ～ 31.186%，木质素含量范围为 9.598% ～ 24.648%。半纤维素、纤维素和木质素的平均质量分数分别为 12.010%，18.015%，17.123%，如图 2-9 所示。纤维素的平均含量最高，其次是木质素，半纤维素最低。总体上，化学组分随茎节数的提高而增加。结果表明，化学组分与茶茎秆的机械性能有关。黄艳和成浩对茶茎秆的研究也得出了类似的结果[119]。

表 2-3 化学组分质量分数

单位：%

茎节数	编　号	NDF	ADF	半纤维素	纤维素	木质素
一	1	41.030	30.810	10.220	7.101	23.782
	2	35.761	26.184	9.577	4.843	21.407
	3	34.988	26.018	8.970	11.531	14.429
	平均值	37.260	27.671	9.589	7.825	19.873
	标准差	3.288	2.720	0.625	3.402	4.862
二	1	40.935	32.001	8.935	12.089	20.027
	2	42.475	33.181	9.294	12.559	20.462
	3	32.736	24.532	8.204	14.749	9.598
	平均值	38.715	29.904	8.811	13.132	16.696
	标准差	5.235	4.690	0.555	1.420	6.151

续　表

茎节数	编　号	NDF	ADF	半纤维素	纤维素	木质素
三	1	42.958	31.836	11.122	15.407	16.467
	2	42.100	31.461	10.638	14.653	16.818
	3	43.276	33.963	9.313	18.822	15.039
	平均值	42.778	32.420	10.358	16.294	16.108
	标准差	0.608	1.349	0.937	2.222	0.942
四	1	55.442	41.596	13.846	21.949	19.647
	2	53.436	39.641	13.795	20.844	18.751
	3	57.385	43.050	14.335	25.541	17.287
	平均值	55.421	41.429	13.992	22.778	18.562
	标准差	1.975	1.711	0.298	2.456	1.191
五	1	63.781	48.948	14.833	25.649	23.346
	2	65.872	50.056	15.816	25.341	24.648
	3	66.323	51.512	14.811	31.186	20.136
	平均值	65.325	50.172	15.153	27.392	22.710
	标准差	1.356	1.286	0.574	3.289	2.322

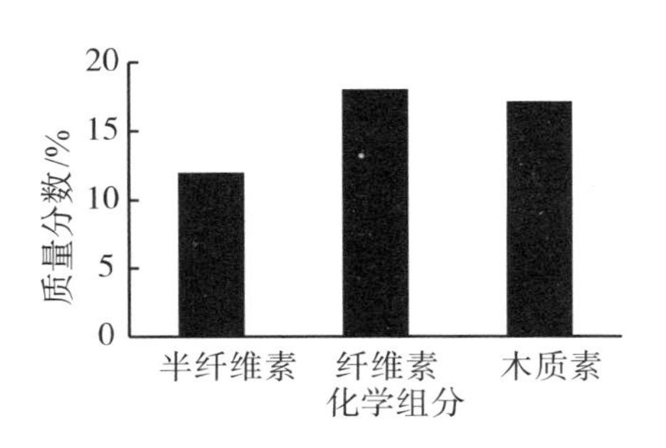

图 2-9 化学组分的平均质量分数

在茶茎秆化学组分的质量分数中，相同茎节间的化学组分含量存在较大差异，其原因主要是茎秆的化学组分与生长环境有较大关系，如光照、降水量、养分供应等。即使同一株茶茎秆样本也无法保证所测参数相同，这造成了同一时间采摘的茶茎秆材料的化学组分质量分数的差异。

2.5 茶茎秆切割特性及关联性研究

2.5.1 茶茎秆切割特性分析

利用质构仪对茶茎秆进行弯曲试验和切割试验，结果如表 2-4 所示。弯曲力的变化范围为 8.313 ～ 36.846 N，切割力的变化范围为 0.526 ～ 3.890 N。随着茎节数的提高，弯曲力和切割力逐渐提高。茶茎秆的平均弯曲力和切割力，如图 2-10 所示。在茎节第一至五节时，平均弯曲力分别为 10.618 N、12.507 N、19.174 N、24.085 N 和 32.214 N，平均切割力分别为 0.575 N、0.918 N、1.416 N、2.038 N 和 3.731 N。由图 2-10 可知，相同茎节数下弯曲力远大于切割力。其原因主要是茶茎秆为含有半纤维素、纤维素和木质素的复合型材料，半纤维素和纤维素具有一定的韧性和强度，茎秆只有在较大的变形和较强力作用下才会发生弯曲断裂。随茎节数的提高，切割力的增加幅度较小，而弯曲力增加幅度较大。切割是最有效的采摘方法。

表 2-4　茶茎秆的切割特性参数

切割特性	编　号	茎节数				
		一	二	三	四	五
弯曲力 /N	1	8.313	9.136	16.355	27.845	29.719
	2	8.383	10.513	13.992	14.941	33.024
	3	11.028	13.498	18.398	34.846	36.846
	4	11.142	12.613	26.271	27.692	30.922
	5	14.226	16.775	20.855	15.102	30.557
	平均值	10.618	12.507	19.174	24.085	32.214
	标准差	2.180	2.629	4.209	7.839	2.559
切割力 /N	1	0.526	0.847	1.229	1.794	5.872
	2	0.526	0.789	1.280	2.242	2.108
	3	0.622	0.731	1.626	2.039	3.890
	4	0.568	0.981	1.311	1.952	3.431
	5	0.636	1.244	1.633	2.161	3.353
	平均值	0.576	0.918	1.416	2.038	3.731
	标准差	0.046	0.183	0.176	0.157	1.223

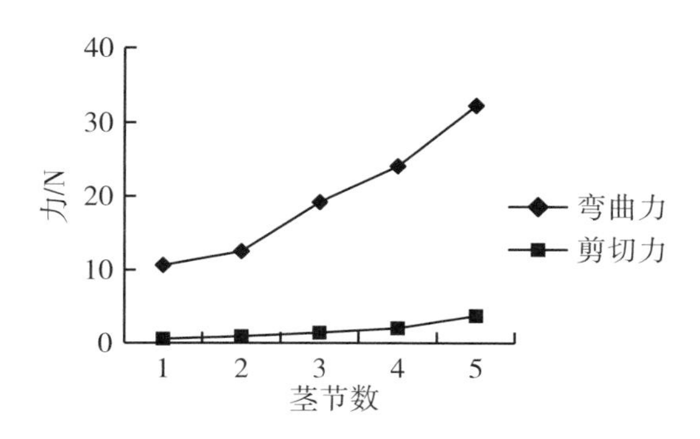

图 2-10　不同茎节的平均弯曲力和切割力

研究表明，茎秆的弯曲力和切割力从上至下（茎节第一至五节）逐渐增大。由于茎秆底部的木质化程度高于茎秆上部，茎秆底部的力学特性最大。此现象产生的原因可能是由于茎秆为粘弹性体[120]。本书的结论与 Aysin 和 Arslan[121] 的研究结果相比，第一至五节的茶茎秆的弯曲力和切割力数值更小。产生这种差异的原因是不同植物茎秆的化学组分、力学特性和物理特性不同。

2.5.2 切割特性参数关联分析

设茶茎秆的弯曲力（x_0）和切割力（x_0'）为参考序列，主要影响因素（x_i）为比较序列，包括茎节数（x_1）、直径（x_2）、节间距（x_3）、含水率（x_4）、断裂挠度（x_5）、惯性矩（x_6）、弹性模量（x_7）、半纤维素含量（x_8）、纤维素含量（x_9）和木质素含量（x_{10}），如表 2-5 所示。

表 2–5　茶茎秆的物理特性参数、力学特性参数、切割特性参数和化学组分

x_0	x_0'	x_1	x_2	x_3	x_4	x_5	x_6	x_7	x_8	x_9	x_{10}
10.618 3	0.575 4	1	2.013 0	8.603 3	77.860 0	3.884 0	0.806 0	70.662 9	9.589 2	7.825 2	19.873 0
12.507 0	0.918 4	2	2.276 5	15.531 0	80.660 0	2.724 2	1.318 4	72.549 3	8.811 0	13.132 3	16.695 6
19.174 2	1.415 9	3	2.436 8	20.887 3	76.060 0	4.252 4	1.730 7	54.278 4	10.357 7	16.294 0	16.107 7
24.085 1	2.037 7	4	2.595 0	27.067 5	75.300 0	4.256 2	2.226 0	52.962 3	13.991 9	22.777 9	18.561 9
32.213 6	3.730 7	5	2.783 3	34.029 3	73.940 0	3.670 0	2.945 6	62.080 3	15.153 2	27.392 0	22.710 1

通过式（2–9）计算出弯曲力和主要影响因素的归一化值，如表 2–6 所示。表 2–7 所示为切割力和主要影响因素的归一化值。为找到理想数据和实验数据之间的相关性，通过式（2–10）和式（2–11）把规范化试验数据转换成偏差序列，然后计算灰色关联系数。最后，通过平均灰色关联系数得到主要影响因素的相应灰色关联度，计算公式为式（2–12）。

表 2–6　弯曲力和主要影响因素的归一化值

k	定量指标										
	x_0	x_1	x_2	x_3	x_4	x_5	x_6	x_7	x_8	x_9	x_{10}
1	0.127 3	0.002 5	0.015 7	0.101 2	1.000 0	0.039 9	0.000 0	0.906 6	0.114 0	0.091 1	0.247 4
2	0.141 0	0.008 6	0.012 1	0.179 1	1.000 0	0.017 7	0.000 0	0.897 8	0.094 4	0.148 9	0.193 8
3	0.234 7	0.017 1	0.009 5	0.257 7	1.000 0	0.033 9	0.000 0	0.707 0	0.116 1	0.195 9	0.193 4
4	0.295 1	0.023 9	0.005 0	0.335 4	1.000 0	0.027 4	0.000 0	0.684 9	0.158 8	0.277 5	0.220 5
5	0.413 6	0.031 2	0.000 0	0.439 1	1.000 0	0.012 5	0.002 3	0.833 3	0.173 8	0.345 8	0.280 0

表 2-7　切割力和主要影响因素的无量纲数值

k	定量指标										
	x_0	x_1	x_2	x_3	x_4	x_5	x_6	x_7	x_8	x_9	x_{10}
1	0.000 0	0.005 5	0.018 6	0.103 9	1.000 0	0.042 8	0.003 0	0.042 1	0.116 6	0.093 8	0.249 7
2	0.000 0	0.013 6	0.017 0	0.183 2	1.000 0	0.022 6	0.005 0	0.055 3	0.099 0	0.153 2	0.197 9
3	0.000 0	0.021 2	0.013 7	0.260 9	1.000 0	0.038 0	0.004 2	0.034 7	0.119 8	0.199 3	0.196 8
4	0.000 0	0.026 4	0.007 5	0.337 0	1.000 0	0.029 9	0.002 5	0.032 9	0.161 0	0.279 3	0.222 5
5	0.013 3	0.031 2	0.000 0	0.439 1	1.000 0	0.012 5	0.002 3	0.061 9	0.173 8	0.345 8	0.280 0

表 2-8 所示为弯曲力与其主要影响因素的绝对差值。

表 2-8　弯曲力与其主要影响因素的绝对差值

k	Δx_1	Δx_2	Δx_3	Δx_4	Δx_5	Δx_6	Δx_7	Δx_8	Δx_9	Δx_{10}
1	0.124 8	0.111 7	0.026 2	0.872 7	0.087 4	0.127 3	0.779 3	0.013 4	0.036 2	0.120 1
2	0.132 4	0.128 9	0.038 1	0.859 0	0.123 3	0.141 0	0.756 8	0.046 6	0.007 9	0.052 8
3	0.217 6	0.225 2	0.023 0	0.765 3	0.200 8	0.234 7	0.472 3	0.118 6	0.038 7	0.041 3
4	0.274 9	0.294 1	0.040 3	0.700 9	0.271 4	0.299 1	0.395 2	0.138 1	0.017 9	0.074 6
5	0.382 4	0.413 6	0.025 5	0.586 4	0.401 1	0.411 3	0.419 7	0.239 8	0.067 8	0.133 6

表 2-9 所示为切割力与其主要影响因素的绝对差值。

表 2-9　切割力和主要影响因素的绝对差值

k	Δx_1	Δx_2	Δx_3	Δx_4	Δx_5	Δx_6	Δx_7	Δx_8	Δx_9	Δx_{10}
1	0.005 5	0.018 6	0.103 9	1.000 0	0.042 8	0.003 0	0.042 1	0.116 6	0.093 8	0.249 7
2	0.013 6	0.017 0	0.183 2	1.000 0	0.022 6	0.005 0	0.055 3	0.099 0	0.153 2	0.197 9
3	0.021 2	0.013 7	0.260 9	1.000 0	0.038 0	0.004 2	0.034 7	0.119 8	0.199 3	0.196 8
4	0.026 4	0.007 5	0.337 0	1.000 0	0.029 9	0.002 5	0.032 9	0.161 0	0.279 3	0.222 5
5	0.017 8	0.013 3	0.425 8	0.986 7	0.000 9	0.011 0	0.048 6	0.160 5	0.332 5	0.266 7

表 2-10 所示为各影响因素对茶茎秆切割特性参数的平均灰色关联度。灰色关联度试验结果与理想归一化值的相关性。灰色关联度越高，试验结果越接近理想值。

表 2-10　灰色关联度响应表

参　数		x_1	x_2	x_3	x_4	x_5	x_6	x_7	x_8	x_9	x_{10}
弯曲力	灰色关联度	0.681	0.677	0.951	0.372	0.697	0.667	0.453	0.826	0.946	0.855
	No.	6	7	1	10	5	8	9	4	2	3
切割力	灰色关联度	0.969	0.975	0.672	0.335	0.952	0.992	0.923	0.795	0.714	0.690
	No.	3	2	9	10	4	1	5	6	7	8

各影响因素对弯曲力的灰色关联度为 0.372 ～ 0.951。对弯曲力的影响顺序依次为茎节间距、纤维素含量、木质素含量、

半纤维素含量、断裂挠度、茎节数、直径、惯性矩、弹性模量和含水率。各因素对切割力的灰色关联度为 0.335 ～ 0.992。对切割力的影响顺序依次为惯性矩、直径、茎节数、断裂挠度和弹性模量，其次为半纤维素含量、纤维素含量、木质素含量和茎节间距，最后为含水率。含水率对弯曲力和切割力的灰色关联度分别为 0.372 和 0.335，说明含水率对弯曲力和切割力的影响较小。其原因可能是茎秆的含水率与其他因素存在多重共线性关系。在 Aysin 和 Arslan 的研究中也发现含水率与其他定量指标有很强的相关性[121]。

茶茎秆的切割特性受茎节数、直径、化学组分和植物品种等因素的影响。在不同茎节下，茶茎秆切割特性的变化趋势与含水率、断裂挠度和弹性模量没有明显关系。对于不同的茶树品种，表现出物理特性、力学特性和化学组分的差异[122]，这些差异可能与栽培环境、个体特征和植物品种有关。

2.5.3 切割特性参数模型的建立与预测

采用偏最小二乘回归、主成分分析结合多元线性回归、灰色关联分析结合多元线性回归等方法建立弯曲力和切割力模型。不同算法的建模结果如表 2-11 所示。在弯曲力和切割力模型中，主成分分析用六个影响因素（茎节数、直径、节间距、含水率、断裂挠度和惯性矩）来取代原始影响因素。当建模方法为灰色关联分析结合多元线性回归算法时，灰色关联度阈值分别选择为 0.6，0.7，0.8 和 0.9。

表 2-11　不同模型测试结果

参　数	算　法	校正模型		验证模型	
		R_c^2	RMSEC	R_p^2	RMSEP
弯曲力	PLSR	0.854	2.400	0.995	0.947
	PCA + MLR	0.921	3.357	0.995	0.969
	GRA（0.6）+ MLR	0.942	3.326	0.958	2.858
	GRA（0.7）+ MLR	0.854	4.071	0.932	3.642
	GRA（0.8）+ MLR	0.854	4.071	0.932	3.642
	GRA（0.9）+ MLR	0.833	3.978	0.951	3.083
切割力	PLSR	0.695	5.111	0.853	1.077
	PCA + MLR	0.889	0.691	0.930	0.744
	GRA（0.6）+ MLR	0.990	0.257	0.934	0.721
	GRA（0.7）+ MLR	0.941	0.537	0.983	0.371
	GRA（0.8）+ MLR	0.888	0.653	0.955	0.599
	GRA（0.9）+ MLR	0.888	1.296	0.955	0.599

注：PLSR 为偏最小二乘回归，PCA 为主成分分析，GRA 为灰色关联分析，MLR 为多元线性回归。

由表 2-11 可知，当灰色关联度阈值为 0.6 时，建立的多元线性回归模型中，弯曲力校正模型的 R_c^2 和 RMSEC 分别为 0.942 和 3.326 N；切割力校正模型的 R_c^2 和 RMSEC 分别为 0.990 和 0.257 N。在弯曲力和切割力校正模型中，GRA（0.6）+ MLR 模型的 R_c^2 值均大于其他算法，RMSEC 值均小于其他算法。此外，在弯曲力和切割力验证模型中，GRA（0.6）+ MLR 的 R_p^2

值均大于 0.934，拟合效果显著。因此，灰色关联分析结合多元线性回归算法的建模效果优于其他算法，弯曲力和切割力模型分别为式（2−13）和式（2−14）。

$$y=42.905+4.131x_1-29.770x_2-0.510x_3+2.470x_5+10.925x_6-0.756x_8+1.024x_9+0.432x_{10} \tag{2-13}$$

$$y=31.077+3.386x_1-13.689x_2-0.149x_3-0.676x_5+3.109x_6-0.056x_7-0.393x_8-0.074x_9+0.217x_{10} \tag{2-14}$$

如图 2−11 所示为弯曲力和切割力的预测值与实际值的相关性。经回归拟合，弯曲力和切割力预测模型的决定系数 R^2 分别为 0.963 和 0.932，RMSEP 分别为 1.945 N 和 0.612 N。结果表明，预测值与实际值拟合度较高，可用于预测。因此，灰色关联分析结合多元线性回归算法可用于建立茶茎秆的弯曲力和切割力模型。

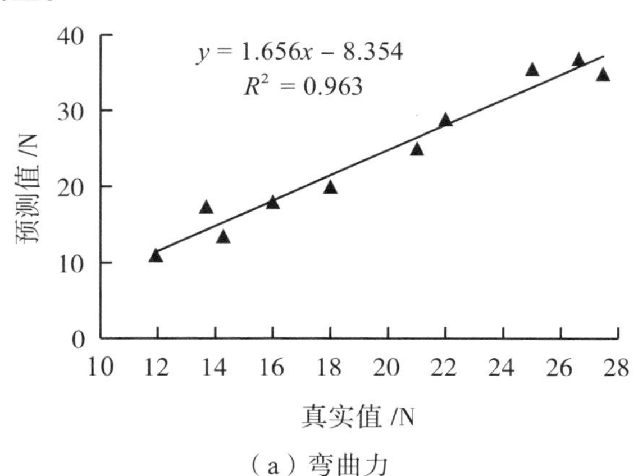

（a）弯曲力

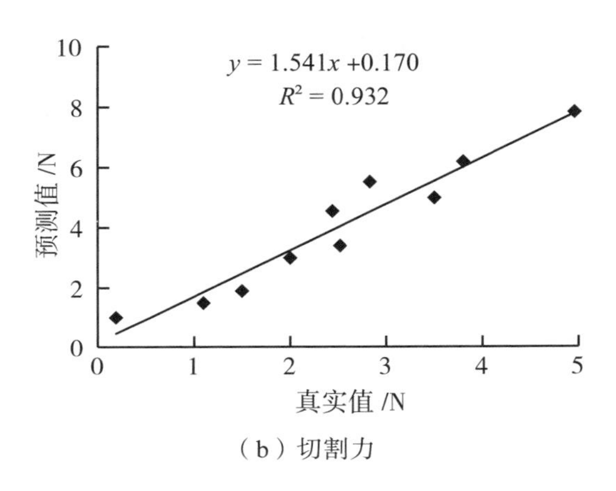

（b）切割力

图 2-11　弯曲力和切割力的预测值与实际值的关系

对紫花苜蓿[123]、水稻和向日葵等不同植物的研究结果表明，植物品种与机械性能密切相关。不同植物品种的物理特性、力学特性、化学组分和切割特性具有差异。对植物品种、物理特性、化学组分、力学特性等信息的研究是设计切割部件的首要任务。而在本研究中，仅以一个茶树品种为试验材料会导致灰色关联分析结合多元线性回归算法建立的弯曲力和切割力模型存在局限性。此外，样本数量的限制会影响切割特性参数与其影响因素的灰色关联度。因此，基于灰色关联度，在建立不同生物材料的切割特性参数模型时，应尽可能全面地考虑植物品种、物理特性、力学特性及化学组分。

2.6　本章小结

（1）为了解茶茎秆的切割方式，使用数码显微系统和 Micro-CT 扫描仪对茎秆的内部结构进行扫描分析。由于茎秆内部每层结构的密度不同，其 X 射线吸收率不同。基于这种差异性，结合茶茎秆的切割力曲线，结果表明木质部和皮层对茶茎秆切割力学特性有重要影响。综合考虑茶茎秆切割特性及其微观组织结构可知，茶茎秆与一般农作物茎秆的切割特性和微观组织结构存在差异，对其切割特性和微观组织结构进行研究，可为茶茎秆的高效切割研究提供理论依据。

（2）茶茎秆的物理特性、化学组分和切割特性的质量分数随茎节数的变化而变化。纤维素含量、弯曲力、切割力、茎秆直径和惯性矩随茎节数的增大而增加。而含水率、半纤维素含量、木质素含量、断裂挠度和弹性模量随茎节数的增大呈不规则变化。

（3）通过对茎秆的切割特性参数（弯曲力和切割力）与其物理、力学特性参数（茎节数、直径、节间距、含水率、断裂挠度、惯性矩、弹性模量）及化学组分（半纤维素、纤维素和木质素）灰色关联度分析，得到各影响因素对切割力的影响顺序依次为惯性矩、直径、茎节数、断裂挠度、弹性模量模量、半纤维素含量、纤维素含量、木质素含量、茎节间距、含水率；对弯曲力的影响顺序依次为茎节间距、纤维素含量、木质素含量、半纤维素含量、断裂挠度、茎节数、直径、惯性矩、弹性模量、含水率。

（4）在茶茎秆的弯曲力和切割力模型中，当灰色关联度阈值为 0.6 时，灰色关联分析结合多元线性回归模型的 R_c^2 和 RMSEC 值均优于其他算法。弯曲力和切割力校正模型的 R_c^2 分别为 0.942 和 0.990，RMSEC 分别为 3.326 N 和 0.257 N。

第3章　仿生对象蟋蟀上颚切齿叶的形态结构研究

针对不同动物的切割行为，国内外专家学者开展了大量研究[100-104]，初步认定咀嚼式口器的轮廓特征是有效减小茎秆切割阻力、提高茎秆切割质量的主要因素。蟋蟀口器为典型的咀嚼式口器，其作用为咀嚼食物、挖洞筑巢、驱赶敌人等，且是其全身最坚硬的部位。同时，蟋蟀是茶园常见害虫之一，以茶树嫩茎、根部、叶片为食[124]。为提高茶叶采摘的切割质量，降低切割功耗，本书选择蟋蟀口器参数为采茶机械割刀的仿生元素。采用数码显微系统和扫描电子显微镜对蟋蟀口器的几何形态特征进行观测，为割刀的仿生设计提供几何参数信息。

3.1　蟋蟀的生物学特征

蟋蟀（图3-1）又称促织、蛐蛐、将军虫等，为无脊椎动物，属直翅目、蟋蟀科。主要分为油葫芦和大蟋蟀两种，油葫芦俗名土蛮子、螭虫等；大蟋蟀俗名剪刀汉、土猴、白胺腿等[125]。蟋蟀是杂食性农作物害虫，主要寄主包括麦类、瓜类、玉米、茶树等，以植物的根部、嫩茎、叶片、幼苗等为食（图3-1）。蟋蟀大多数为中小型昆虫，少数为大型昆虫，体长在3～50 mm范围内，体色以杂色为主，不具有鳞片。蟋蟀的头部呈圆形，具有较大的复眼，3枚单眼。蟋蟀有6足，各个足上有3对跗节，前足和中足相似，后足发达，善跳跃。蟋蟀口器为咀嚼式口器，上颚发达，作用为咀嚼食物、挖洞筑巢、驱赶敌人等。蟋蟀口器是其全身最坚硬的部位，其表面无物理、化学感受器，结构紧密且坚固。蟋蟀的分布地域广泛，喜欢栖息在土壤略微湿润的山坡、田野、草丛之中[126]。目前，全世界已知的蟋蟀种类约2 500种，中国已知约150种。

图 3-1　蟋蟀照片

3.2　蟋蟀口器宏观形态分析

3.2.1　样本信息采集

试验选择蟋蟀为试验对象，品种为迷卡斗蟀。样本（图 3-2）采集于中国山东省泰安市宁阳县，数量为 15 只。经样本自然死亡后，将其口器用镊子和刀片摘取后放入蒸馏水中清洗干净，然后在通风处晾干备用。

图 3-2　蟋蟀样本

将蟋蟀口器样本放置于KEYENCE型数码显微系统（VHX-900F，日本）下观察，不断调节对焦旋钮进行对焦，直至图像清晰后进行拍照，如图 3-3 所示。蟋蟀的口器中有一对上颚，分为左右两个，不对称排列，形状略有差异。在数字显微系统下观察蟋蟀上颚，上颚尖端部分呈黑色，根部呈墨绿色，颜色不同的主要原因是其内部结构和密度不同。上颚具有不同的弧形结构，这可以在很大程度上降低与食物之间的摩擦阻力。上颚上有一排锯齿状排列结构，分为切齿叶和臼齿叶。上颚尖端锯齿部分称为切齿叶，较为突出，主要用于刺穿和撕裂食物。根部其余结构称为臼齿叶，双排齿，略有凸起，主要作用是咀嚼和磨碎食物。通过自然进化和自然选择，蟋蟀上颚的齿状结构及其排列方式可以轻松切断和撕裂植物纤维，这种结构和形态对实现割刀的减阻降耗和高质量切割的仿生设计具有重要意义。因此，定量分析蟋蟀上颚不同齿的结构和形态对研究其表面信息具有重要意义。

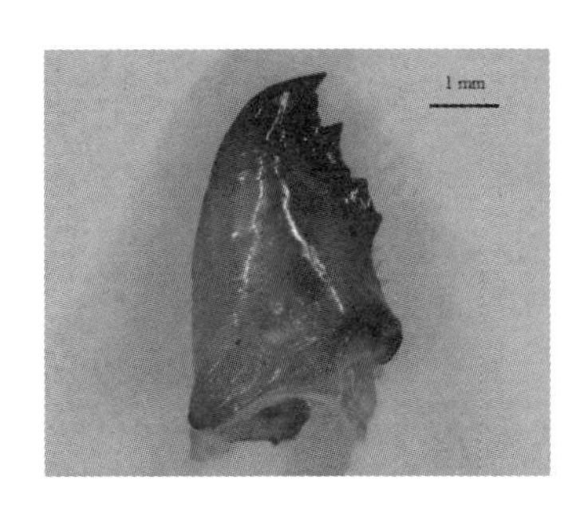

图 3-3 基于数码显微系统的蟋蟀上颚图像

3.2.2 上颚轮廓曲线的提取

利用 Corelo-trace 软件将位图转换为矢量图，提取上颚中所有齿的几何特征轮廓点。为了便于从图像背景中识别目标图像，对矢量图进行二值化处理，转换成二值图像。二值图像的灰度值只有“0”和“1”，在图像中所有黑色像素点的集合就是这幅图像的轮廓点的完整描述。然后，利用 AutoCAD 软件进行调整和作图，提取蟋蟀上颚锯齿状结构的轮廓线。图像中的每个黑色像素点代表一个二维变量，用坐标（x，y）表示。而后，将锯齿状结构的外边缘曲线分割成单独的曲线，以便在同一时间内精确地表达该曲线。最后，采用 Origin 软件对数据进行处理、分析。

3.2.3 上颚轮廓曲线的拟合与分析

由于蟋蟀上颚的轮廓曲线复杂，无法用一个函数对其进行表征。为了清晰地表达轮廓曲线，将曲线分割成 5 个部分，分别命名为曲线 a、曲线 b、曲线 c、曲线 d 和曲线 e，如图 3-4 所示。使用 Origin 软件对五个曲线进行分别拟合，选取四次多项式函数对其进行表达，包括 5 个参数。拟合方程如下：

$$y(x)=a_0+a_1x+a_2x^2+a_3x^3+a_4x^4 \tag{3-1}$$

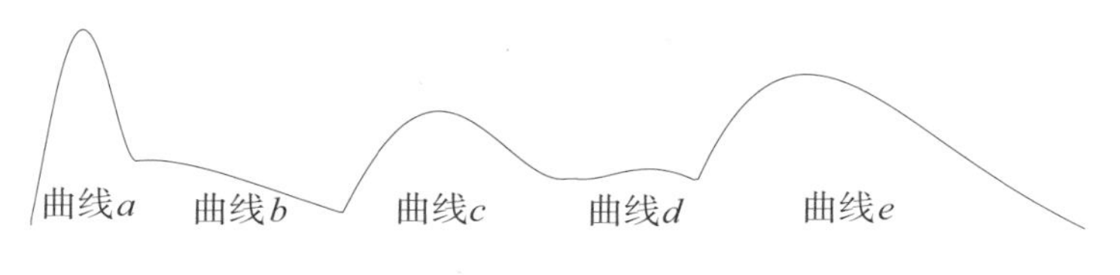

图 3-4　上颚的轮廓线

曲线 a 到曲线 e 的拟合结果如表 3-1 所示。从表中可知，曲线 a、曲线 b、曲线 c、曲线 d 和 e 的校正决定系数 $R^2_{adj.}$ 均大于 0.960，拟合度非常高。拟合结果表明，这些多项式满足基本工作要求。将经过调整后的拟合函数绘制在直角坐标系中，如图 3-5 所示。从图 3-5 中可以看出，曲线 a、曲线 c 和曲线 e 具有相同的上升和下降趋势，而曲线 b 和曲线 d 无变化规律。在曲线 a、曲线 c 和曲线 e 的上升部分，曲线 a 几乎呈直线上升，而曲线 c 和曲线 e 略有凸起，且曲线 a 的峰值远大于其他曲线。图 3-6 所示为曲线拟合后的残差，残差越小，拟合度越高。任取 8 个残差值，所有绝对值均小于 10。

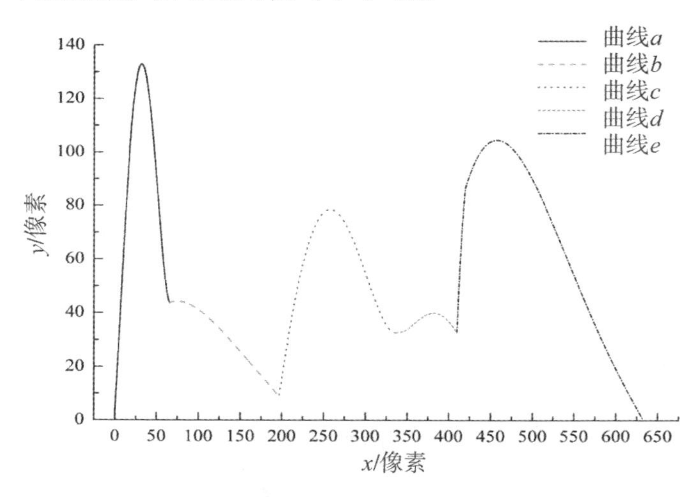

图 3-5　上颚的拟合曲线

表 3–1　上颚拟合曲线方程的参数

参　数	曲线a	曲线b	曲线c	曲线d	曲线e
a_0 值	3.248	−7.302	1 283.896	41 225.250	−16 145.526
a_0 标准误差	6.378	21.191	2 497.862	16 798.56	8 695.177
a_1 值	5.295	1.689	−32.294	−420.612 0	107.581
a_1 标准误差	1.784	0.741	38.562	176.637	65.788
a_2 值	0.104	−0.018	0.249	1.602	−0.263
a_2 标准误差	0.120	0.009	0.221	0.695	0.185
a_3 值	−0.006	7.08×10^{-5}	-7.58×10^{-4}	-2.70×10^{-3}	2.83×10^{-4}
a_3 标准误差	0.003	4.94×10^{-5}	5.54×10^{-4}	1.21×10^{-3}	2.29×10^{-4}
a_4 值	5.30×10^{-5}	-1.04×10^{-7}	8.00×10^{-7}	1.69×10^{-6}	-1.13×10^{-7}
a_4 标准误差	2.15×10^{-5}	9.48×10^{-8}	5.15×10^{-7}	7.94×10^{-7}	1.05×10^{-7}
$R^2_{adj.}$	0.976	0.999	0.960	0.985	0.976

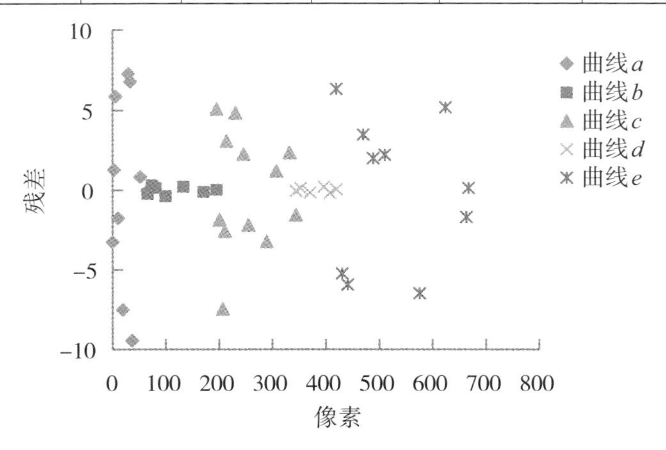

图 3–6　上颚拟合曲线的残差

对 5 个拟合函数进行求导，求得二阶导函数，并绘制图形分析，如图 3–7 所示。曲线 a 的二阶导函数从 0.1 左右开始持续下降至 −0.3，后升至约 0.55 左右。曲线 c 和曲线 e 的二阶导函数从负数开始逐步增加。而曲线 b 和曲线 d 的二阶导函数约为 0。二阶导函数可以反映图像的凹凸形状，当二阶导函数大于 0 时，图像为凹形；当二阶导函数为 0 时，图像不凹不凸；当二阶导函数小于 0 时，图像为凸形。因此，曲线 a、曲线 c 和曲线 e 的形状为往外凸起，这表明在切割过程中增加了和物料的接触面积，增大了滑切角，有利于切割。曲线 a、曲线 c 和曲线 e 对应的齿在蟋蟀的取食过程中可能起到关键作用。

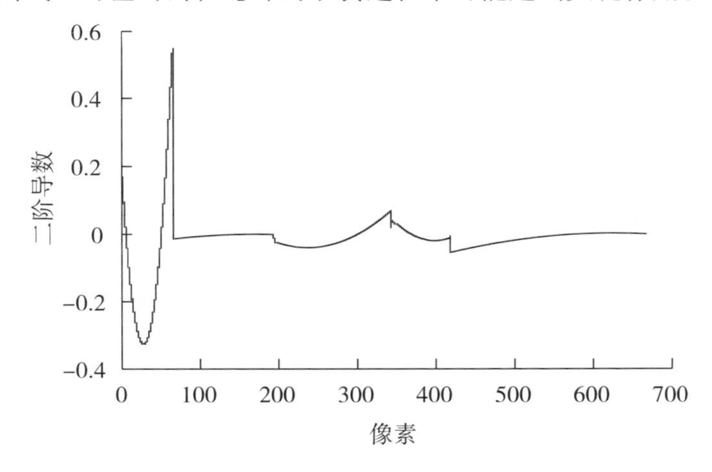

图 3–7　上颚拟合曲线的二阶导函数

如图 3–8 所示为拟合曲线的曲率。曲率越大，表明曲线的弯曲程度越大。从图 3–8 可以看出，曲线 a 的曲率远大于其余 4 条曲线的曲率，这说明曲线 a 对应的齿相对尖锐，有利于切割。

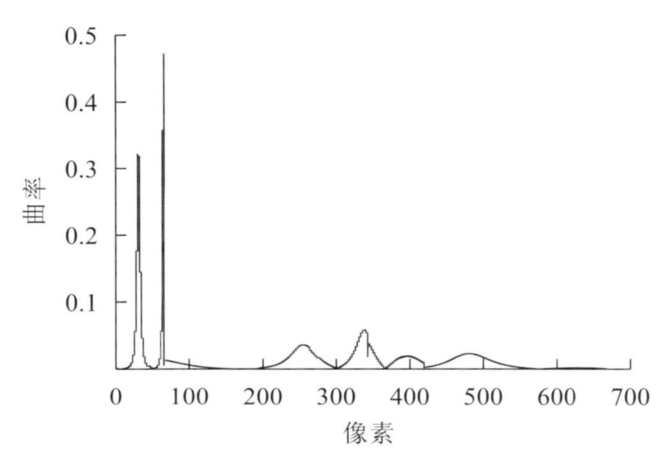

图 3-8　上颚拟合曲线的曲率

从拟合曲线的图像、二阶导函数和曲率中可以看出，在曲线 *a*、曲线 *b*、曲线 *c*、曲线 *d* 和曲线 *e* 中，曲线 *a* 对应的齿最为凸出且尖锐，最适合切割。而且当蟋蟀吃嫩茎时，上颚的切齿叶可以有效刺穿和切断嫩茎，臼齿叶的作用为磨碎食物。切齿叶和臼齿叶的外形构造可以实现对食物的高效切割和研磨。因此，切齿叶的几何形态使其具有降阻切割的能力。为了降低茶叶采摘的切割功耗，提高切割质量，本书选择蟋蟀切齿叶的结构参数为仿生元素，用于设计仿生割刀。

3.2.4　切齿叶轮廓曲线的选取及拟合

蟋蟀上颚的切齿叶形态，如图 3-9 所示。经过自然进化，切齿叶的顶端比较尖锐，主要用于切断和撕裂食物。为了降低刀具的加工难度，同时保留仿生特性，本研究通过两种方式对切齿叶的形态结构进行拟合，用于比较、分析拟合效果。

图 3-9　蟋蟀的切齿叶

从表 3-1 中可以看出，曲线 *a* 是切齿叶的轮廓曲线，其四次多项式的拟合度 R^2=0.976。为了更精确地接近原曲线，采用更高次的多项式来描述切齿叶的轮廓曲线，拟合结果，如图 3-10 所示。

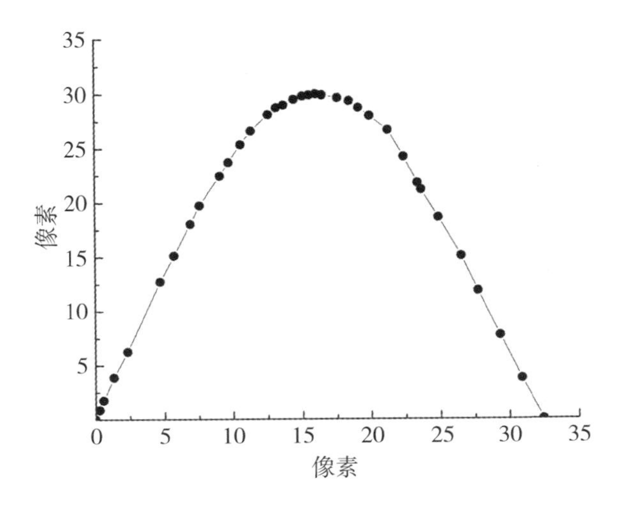

图 3-10　切齿叶的拟合曲线

切齿叶轮廓曲线的五次多项式见式（3-2）。该式的拟合度 R^2=0.999，表明已经足够接近原曲线，无需更高次的多项式来描述切齿叶的轮廓曲线。

$$y(x) = 0.162 + 2.614x + 0.036x^2 - 0.006x^3 - 2.61\times10^{-6}x^4 + 2.02\times10^{-6}x^5 \tag{3-2}$$

采用最小二乘法对切齿叶的上升部分和下降部分进行分别拟合，如图 3-11 所示。上升部分的表达式见式（3-3），方程的拟合度 R^2=0.964。下降部分的表达式见式（3-4），方程的拟合度 R^2=0.953。上升部分和下降部分在近似线段上的斜率分别为 1.959 和 −1.891。在笛卡尔坐标系中，对应的倾角分别为 63° 和 118°，如图 3-12 所示。结果表明，上升部分和下降部分的直线回归方程虽然没有五次多项式的拟合度高，但也可以用来表达原曲线。

$$y(x) = 2.387 + 1.959x \tag{3-3}$$

$$y(x) = 64.129 - 1.891x \tag{3-4}$$

综上所述，五次多项式能够精确地描述切齿叶的轮廓曲线。在精度要求不高时，为简化加工工艺，直线也可以用来近似地表达切齿叶的轮廓曲线。

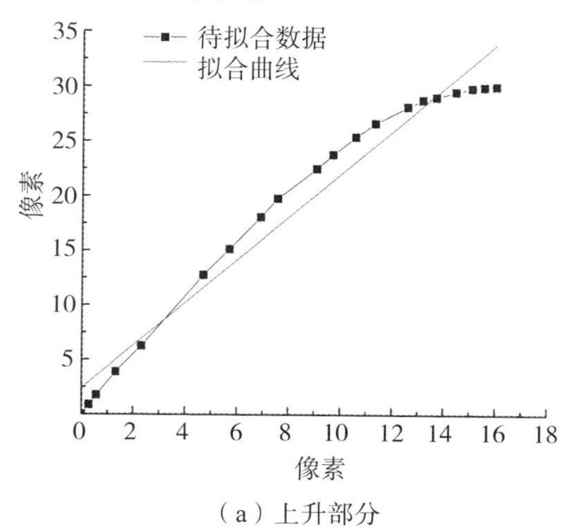

（a）上升部分

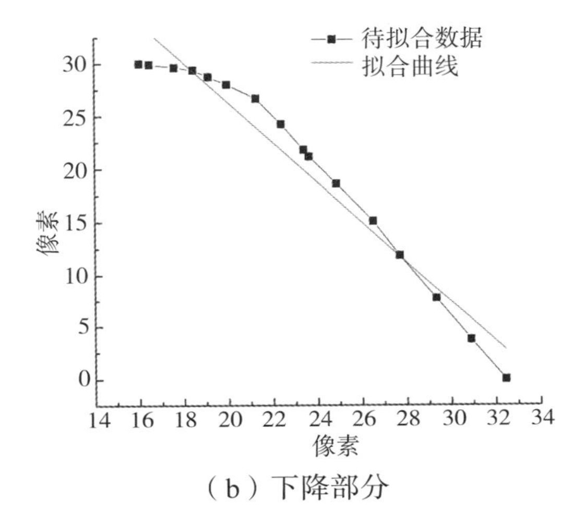

（b）下降部分

图 3-11　切齿叶的拟合直线

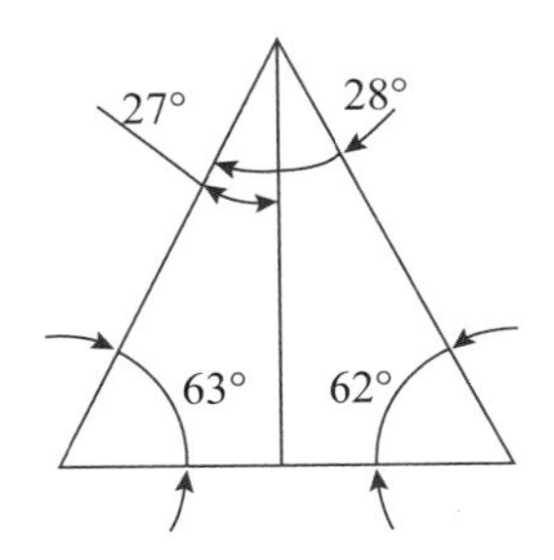

图 3-12　切齿叶拟合三角形角度

3.3　蟋蟀口器的显微结构观察及能谱分析

为了了解蟋蟀口器上颚表面的微观结构，对上颚样本进行预处理，将制备好的样本粘在导电胶上进行喷金镀膜处理，然后进行表面分析[100]。表面分析是指通过扫描电子显微镜对材料的表面现象和表面特性进行观察分析、测量的技术，通过二次成像来观察样本表面的微观组织结构、化学成分等情况。

样本的制备过程如下：

（1）取样：取样部位要准确且大小适当。

（2）清洗：使用生理盐水（缓冲液）对样本进行浸泡清洗。

（3）固定：先用2%戊二醛溶液固定2 h，经缓冲液充分洗涤后，再用1%锇酸溶液固定30 min。

（4）脱水：使用乙醇梯度脱水，从30%，50%，70%，90%到100%，每次脱水时间为15 min。

（5）干燥：在真空条件下挥发掉样本中的脱水剂。

（6）粘样：把底部不平整的样本粘贴在导电胶上。

（7）镀膜：使用离子溅射仪（E-1010，日立）在样本表面喷镀一层约5 mm的金属薄膜。

本试验所采用的扫描电子显微镜为场发射扫描电子显微镜（SU8020，日立），分辨率为2.0 nm（1 kV，WD=1.5 mm，普通模式），放大倍数的范围为30～800 kV，加速电压范围为0.5～30 kV。

利用扫描电子显微镜对蟋蟀口器的上颚表面做微观放大处理，得到微观影像。图3-13为蟋蟀口器上颚的电镜照片，图3-13（a）为40倍口器上颚的左侧结构图像，图3-13（b）为30倍口器上颚的右侧结构图像。在图中可以看出，臼齿叶的下面有部分刚毛，但相比上颚的右侧结构，上颚的左侧结构的刚毛更多，分布更广泛。图3-14为刚毛的电镜图片，刚毛的长度约为100 μm。切齿叶的微观图像，如图3-15所示。切齿叶尖端最为尖锐且高于其他齿，由于长时间切割食物，其边缘表面有较为明显的磨损。

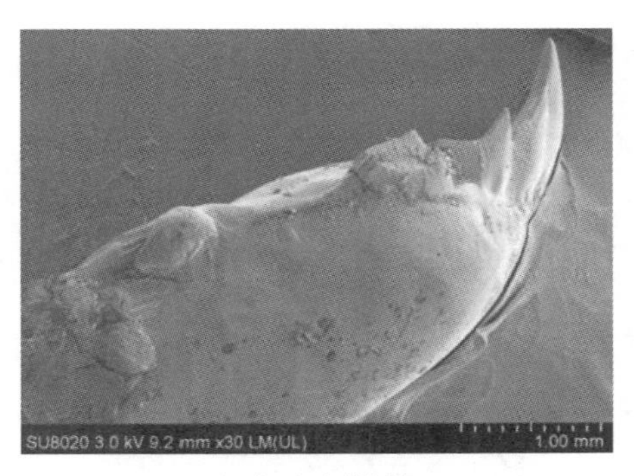

（a）左侧结构

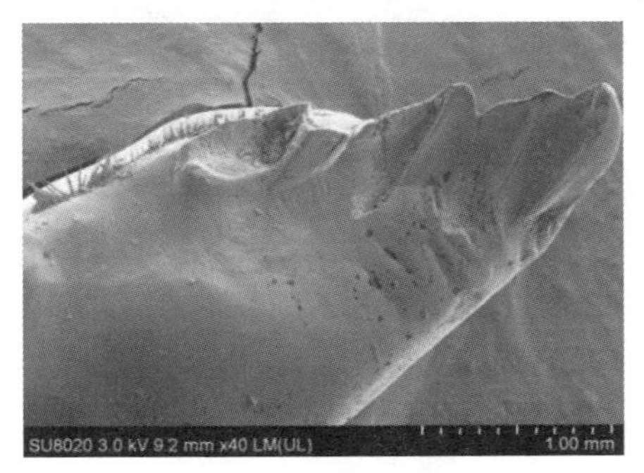

（b）右侧结构

图 3-13　上颚的电镜图像

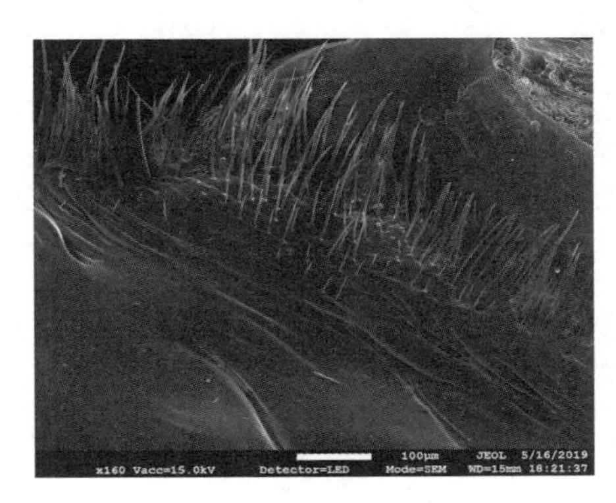

图 3-14　上颚绒毛的电镜图像

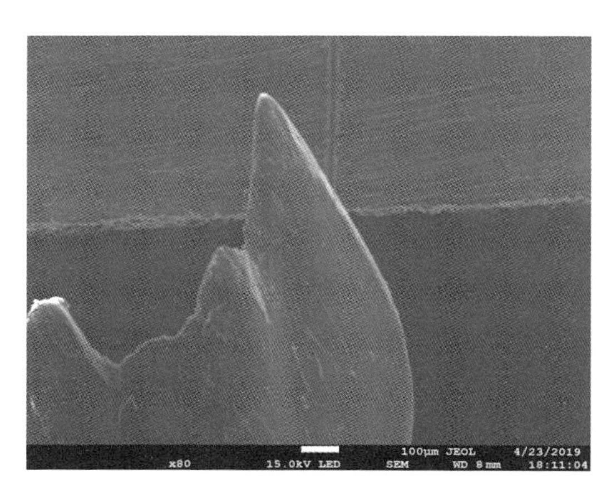

图 3-15　切齿叶的电镜图像

经过解剖可以发现，蟋蟀上颚为中空结构，内腔全部由体液填充。图 3-16 描述了上颚端面的微观结构。由图 3-16（a）可以看出，上颚的外表面有排列不均匀的凸点，并非肉眼可见的光滑平整。由图 3-16（a）和（b）可以看出，上颚的端面为层状结构且分层边界清晰，有一条明显的分界线。上颚端面厚度约 80 μm，共两层，每层的厚度约 40 μm。

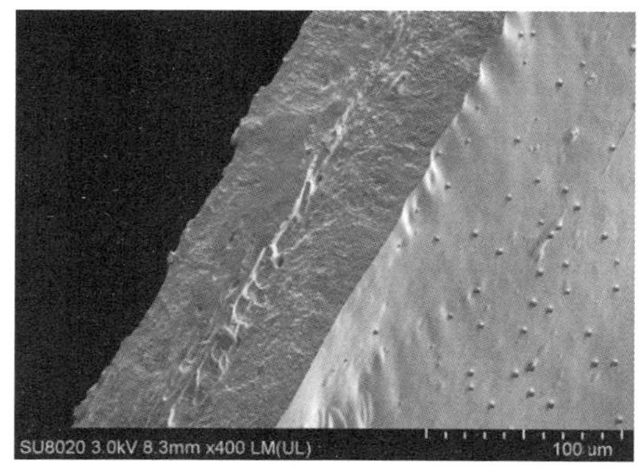

（a）放大 400 倍

（b）放大 1 200 倍

图 3-16　上颚端面的电镜图像

使用扫描电子显微镜的能谱仪对蟋蟀口器上颚的切齿叶一端和另外一端分别进行典型微量元素含量的测定，能谱图如图 3-17 和图 3-18 所示。从图 3-17 和图 3-18 中可以看出，切齿叶表面的元素含量最高的是 K 和 O 元素，上颚端面处的元素含量最高的是 C 和 O 两种元素。因此，切齿叶表面和上颚端面的元素种类和含量不同。

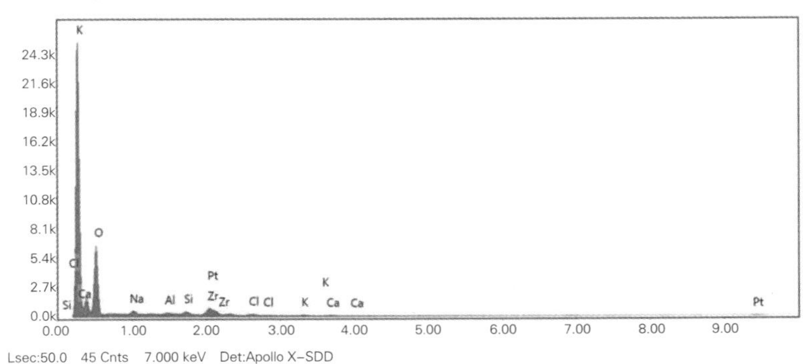

图 3-17　切齿叶的能谱图

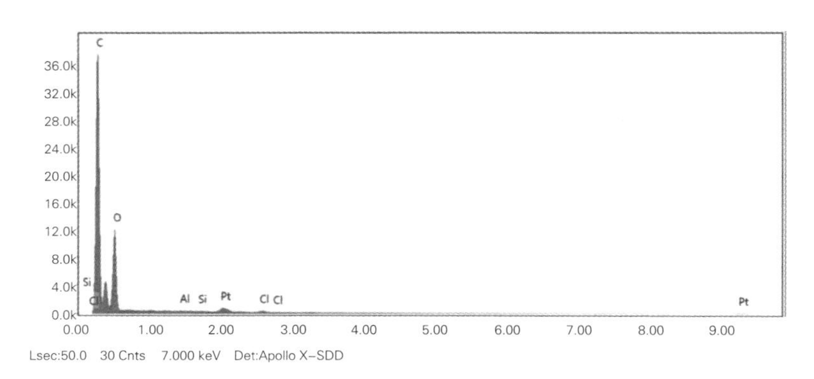

图 3-18 上颚端面的能谱图

3.4 本章小结

本章中使用了数码显微系统和扫描电子显微镜对蟋蟀上颚的表面形态和外形结构进行形貌分析、微观分析和能谱分析。通过上述试验可以得到如下结论：

（1）基于蟋蟀上颚的锋利锯齿状结构具有良好的切割性能。提取上颚的轮廓曲线，分割为 5 段，采用多项式拟合。根据上颚轮廓曲线的二阶导函数和曲率，结合上颚切割的实际工作情况，选定蟋蟀上颚的切齿叶结构为割刀的仿生原型。

（2）基于蟋蟀上颚切齿叶的轮廓曲线，分别建立其五次多项式和直线回归方程，用于比较、分析拟合效果。五次多项式的拟合度为 0.999，该式可以精确地描述切齿叶的轮廓曲线。上升和下降部分的直线回归方程的拟合度分别为 0.964 和 0.953，在精度要求不高时，直线回归方程可以用来近似地描述切齿叶的轮廓曲线。

（3）由扫描电子显微镜分析可知，蟋蟀上颚的切齿叶边缘表面有明显的磨损现象；上颚端面表面上有不规则凸点，而并非肉眼可见的光滑平整。通过能谱分析可知，切齿叶表面和上颚端面处的元素种类及含量均有所不同。

第4章　茶茎秆切割分析与仿生割刀设计

茶茎秆切割不仅与其物理性能、微观组织结构、化学组分和力学特性有关，还与茎秆支撑方式、切割方式、割刀结构参数和运动参数等密切相关。其中，切割方式分为正切和滑切。割刀结构和运动参数包括刃角、齿顶宽度、齿根宽度、齿高、齿距和刀机速比等。为了达到良好的切割质量，一般对割刀还有如下要求：割茬整齐、不堵刀、不漏割以及低功耗等。本研究先理论研究茎秆支撑方式和切割方式对切割性能的影响，接着利用X射线计算机断层扫描技术对茶茎秆切槽的形态特征进行分析，研究割刀刃角对切割性能的影响，然后基于切割图优化割刀结构和运动参数，最后基于蟋蟀上颚切齿叶的形态结构，设计几种仿生割刀。

4.1　茎秆支撑方式对切割性能的影响分析

为实现茎秆的完全切割，一般采用的方法为低速有支撑切割和高速无支撑切割。

4.1.1　低速有支撑切割

低速有支撑切割是在动刀片运动的反方向施加一个支撑力的切割方式。这种切割方式能够为茎秆提供一定的抗弯能力，可使切割在低速状态下进行。支撑切割又分为单支撑切割和双支撑切割。单支撑切割为避免发生撕裂现象，要求动、定刀片的间隙介于 0 ～ 0.5 mm。而在进行双支撑切割时，允许动、定刀片的间隙介于 1.0 ～ 1.5 mm。

4.1.2　高速无支撑切割

仅用动刀片而无定刀片直接进行茎秆切割的切割方式为高速无支撑切割。由于茎秆在无任何扶持状态下进行切割，当动刀片高速进入材料时，茎秆瞬间获得较大的速度和加速度及其相反方向的惯性力。当茎秆具有较大的抗弯能力时，越有利于茎秆切割。

由上文分析可知，茶茎秆主要由半纤维素、纤维素和木质素组成，具有较强的抗弯强度。且低速有支撑切割的方式对割刀的设计及安装有极大的要求。因此，高速无支撑切割的方式适用于茶茎秆切割。然而，在实际切割过程中，要保证茎秆的顺利切割，采茶机械应采用高速切割的方式，并提供一定支撑力，即高速有支撑切割，以实现较高质量切割。

4.2　切割方式切割性能的影响分析

切割方式主要是指割刀进入茶茎秆的相对位置。一般来说，切割方式主要分为两种：正切和滑切 [127]。

4.2.1　正切机理分析

正切是指割刀的绝对运动方向垂直于刃口方向的切割方

式，如图 4-1 所示。根据割刀与茶茎秆的相对位置，可以分为横切、斜切和削切（图 4-2）。

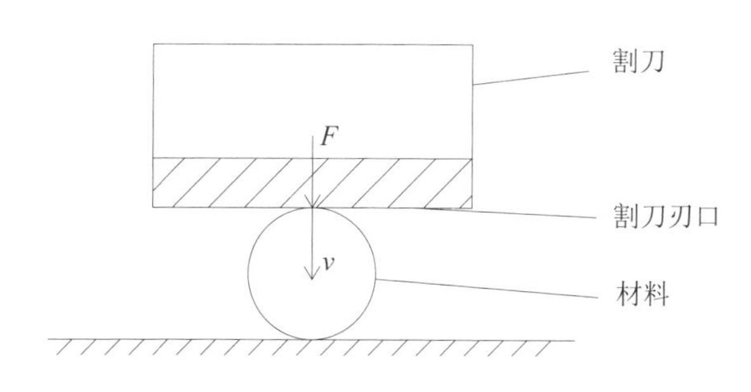

图 4-1　正切

（a）横切　　（b）斜切

（c）削切

图 4-2　三种正切方式

1. 横切

茎秆的轴线方向与割刀的切割方向垂直，同时与切割面垂直。

2. 斜切

茎秆的轴线方向垂直于割刀的切割方向，但与切割面有一定角度，偏斜角的范围一般为 40º ～ 90º。

3. 削切

割刀的切割方向和切割面均偏斜于茎秆轴线，偏斜角的范围一般为 0 º ～ 45º。

茶茎秆由纤维素、半纤维素和木质素等组成，茎秆内纤维方向与其轴线方向平行。正切的三种切割方式因切入茎秆的方向与茎秆的轴线方向存在较大差异，切割阻力和功耗不同，茎秆的横切面形状也不同。在不同切割方式下，茎秆的抗切割力不同。其中，横切的阻力最大，斜切的阻力比横切下降 30 ～ 40%，削切的阻力比横切下降约 60%。从茎秆的横切面上看，横切的切割面通常为圆形，整齐且短；斜切和削切的切割面形状随偏斜角的不同而变化，通常为椭圆形。

4.2.2　滑切机理分析

滑切是指割刀的绝对运动方向与刃口方向不平行且不垂直的切割方式，如图 4-3 所示。

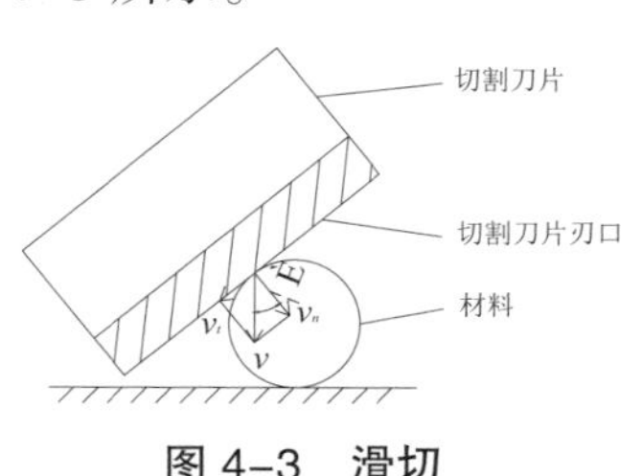

图 4-3　滑切

式中：v_n 为割刀运动的法向速度；v_t 为割刀运动的切向速度；θ 为割刀运动的绝对速度与法向速度之间的夹角，即滑切角。

滑切角对切割阻力有较大影响。相关试验表明：当滑切角大于 0º 时，割刀会出现滑切。随着滑切角增大，切割阻力减小。但切割角不宜过大，过大的切割角将会造成茎秆从割刀向前滑出，导致切割不可靠。故选择合适的滑切角非常重要，一般取值范围为 20º ～ 55º。

4.2.3 割刀运动分析

如图 4–4 所示为割刀的刃口上某点切入材料时产生的不同刃口角。刃口角越小越省力，切割阻力越小。

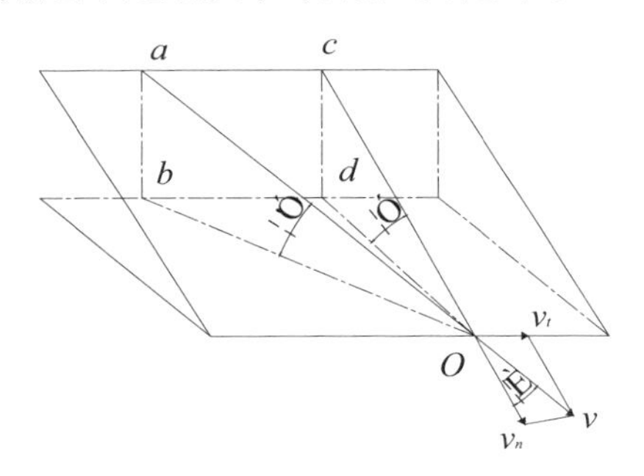

图 4–4 割刀运动分析

假设割刀从 O 点切入材料，依次进行正切和滑切，比较正切刃口角和滑切刃口角的大小，几何分析如下：

因为
$$\tan\tau=\frac{l_{cd}}{l_{od}} \tag{4-1}$$

$$\tan\tau'=\frac{l_{ad}}{l_{ob}} \tag{4-2}$$

$$l_{ab}=l_{cd} \tag{4-3}$$

$$l_{ob} = \frac{l_{od}}{\cos\theta} \tag{4-4}$$

$$\cos\theta < 1 \tag{4-5}$$

所以

$$\tan\tau' = \tan\tau\cos\theta \tag{4-6}$$

$$\tau' < \tau \tag{4-7}$$

式中：τ 为正切的刃口角；τ' 为滑切的刃口角。

由式（4-1）～式（4-7）可知，在割刀进入材料过程中，滑切的刃口角小于正切的刃口角，即滑切的切割阻力更小。由高略契金常数定理可知，SF^3 为常数。其中，S 为割刀的切向滑移量，mm；F 为规定试验切割深度（下文简称“割深”）所需法向力，g。割刀在切割同一深度的材料时，切向滑移量越大，说明所需切割力越小，即越省力[127]。切向滑移值为 0 表示正切。只要存在滑移，就会存在滑切，且滑切的切割法向力比正切的切割法向力小。因此，滑移比正切的切割阻力小，即省力。

4.2.4　茶茎秆滑切力分析

以割刀边缘方向为 y 轴，以茶茎秆与割刀切点与圆心的连线方向为 x 轴建立平面坐标系，以滑切点 O 为研究对象，如图 4-5 所示。

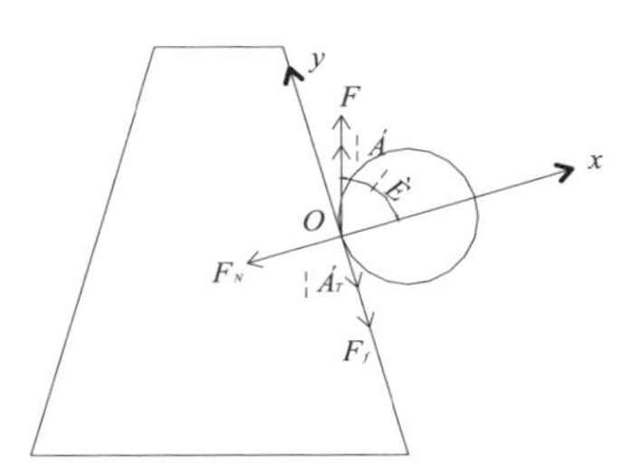

图 4-5　茶茎秆滑切受力图

当割刀前行时，滑切质点 O 的运动由沿 x 轴的牵引运动和沿割刀边缘向上的运动复合而成[128]，由此建立动力学方程：

$$\begin{cases} F\sin\theta - F_f = m\left(a\sin\theta - a_T\right) \\ F\cos\theta - F_N = ma\cos\theta \end{cases} \tag{4-8}$$

式中：F 为割刀的作用力，N；F_f 为茶茎秆对割刀的摩擦力，N；F_N 为茶茎秆对割刀的反作用力，N；m 为滑切质点 O 的质量，kg；a 为割刀前进方向加速度，m/s^2；a_T 为茶茎秆沿 y 轴方向加速度，m/s^2。

割刀和茶茎秆之间有相对滑动，两者间有相对运动趋势，且茶茎秆对割刀有反作用力。则，

$$F_N\tan\varphi = F_f \tag{4-9}$$

式中：φ 为茶茎秆与割刀的摩擦角，°。

将式（4-9）代入式（4-8）中，简化可得，

$$F_N\left(\tan\varphi - \tan\theta\right) = ma_T \tag{4-10}$$

由式 4-10 可知，正常工作状态下 $F_N > 0$，$a_T > 0$，由此可知 $\varphi > \theta$，即滑切角要小于割刀与茶茎秆间的摩擦角。割刀与杂草或茎秆的摩擦因素一般不超过 0.6[128]，其对应摩擦角约为 31°，因此割刀的滑切角应小于该摩擦角度。

综上所述，滑切的切割阻力小于正切的切割阻力。茶叶采摘时应尽可能地采用滑切，以减少切割阻力和功耗。滑切角应尽可能地选择 20° ～ 31°。

4.3 割刀刃角切割性能的影响分析

使用具有不同刃角的割刀切割茶茎秆时，产生的茎秆切槽形态不同。利用 X 射线计算机断层扫描技术对茶茎秆的切槽

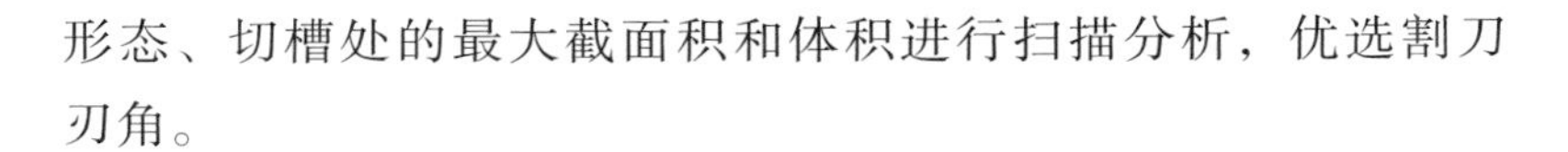

形态、切槽处的最大截面积和体积进行扫描分析，优选割刀刃角。

4.3.1　试验材料

试验对象为 10 a 生中茶 108，取自江苏省丹阳市迈春茶场。选择直径相近的第三节茶茎秆为试验材料（图 4-6），随机分为两组。第一组使用不同刃角（30°，35°，40°）和割深（0.7 mm，1.5 mm，2.3 mm）进行切割，第二组使用不同刃角（30°，35°，40°）切割相同深度（1.5 mm）。

图 4-6　第三节茶茎秆

4.3.2　试验方法

使用 BT 125D 型电子天平（Sartorius，德国）和 101-00 型真空干燥箱（Huyue，中国）测量茎秆的平均含水率，方法与上文相同。经过测量得到茶茎秆的含水率约为 76%。在本试验中，质构仪的工作参数设定如下：如测试速度为 1.0 mm/s，运行距离为 10.0 mm，触发距离分别为 0.7 mm，1.5 mm，2.3 mm。使用 Micro-CT 100 型扫描仪（SCANCO Medical AG，瑞士）

进行X射线计算机断层扫描，其参数设定与上文的参数设定相同。

为了得到样本特征（切槽体积、面积、长度、深度），对CT图片进行阈值分割、去噪、滤波等预处理。为了定性定量地分析茎秆切槽的空间关系和内部结构，使用Avizo软件（Burlington，美国）进行三维建模并进行可视化处理[129]。

使用Micro-CT扫描仪对茶茎秆进行二维切片扫描，然后利用Avizo软件对切槽结构进行测量和计算[130]。沿径向（x-y），茶茎秆切槽的最大横截面积比（D_s）通过式（4-11）进行计算[109]。

$$D_s = \frac{S - S_r}{S} \times 100\% \qquad (4\text{-}11)$$

式中，S为完整茎秆的最大横截面积的像素数；S_r为茎秆上切槽处的最大横截面积的像素数。

假设茎秆的横截面相同，那么切槽的体积比（D_v）可以通过式（4-12）～式（4-14）计算。

$$V = n \times S \qquad (4\text{-}12)$$

$$V_r = \sum_{i=1}^{n} S_r \qquad (4\text{-}13)$$

$$D_v = \frac{V - V_r}{V} \times 100\% \qquad (4\text{-}14)$$

式中，n为轴向（z）切片数；V为完整茎的总体素数；V_r为切割后茎秆的总体素数。

4.3.3 试验结果与讨论

1. 切槽的形成机理

当茶茎秆被切割时，其内部产生应力，茎秆内纤维素分子的能量随之增加，导致茎秆向初始状态恢复。在本试验中，割刀厚度超过茎秆直径的 1/2，因此割刀的结构对茎秆内部的应力分布有较大影响，会引起切槽的严重形变。这种形变再加上纤维素结晶区的牵制作用，使茎秆的切槽难以恢复[131]。茎秆内部具有复杂的生理结构，而且切槽的形成是扭曲的。从 Suresh 等[132]的研究也可发现，茎秆的切槽对茎秆的微观结构和物理结构有很强的依赖性。因此，进行茶茎秆切槽的结构分析对割刀结构参数的选取有重要意义。

为了更加详细地观察茶茎秆的微观结构和切槽的变化，利用 X 射线计算机断层扫描技术对茎秆进行扫描，获得茎秆的二维切片图像和三维图像。

2. 基于二维切片图像的结构分析

在茶茎秆的二维切片图像中，由式（4–11）计算得出切槽处的最大截面积。如表 4–1 所示为不同刃角在割深 1.5 mm 时的最大截面积比。

表 4–1　切槽最大截面积比（割深为 1.5 mm）

刃角/（°）	30	35	40
切槽最大截面积比/%	11.09	10.28	9.65
切割力/N	14.20	15.38	15.95

当刃角从 30° 增加到 40° 时，切槽最大截面积比从 11.09% 逐渐下降到 9.65%，而切割力从 14.20 N 逐渐增加到 15.95 N。切槽最大截面积与切割力和刃角关系密切。由表 4–2 可知，在不同刃角下，随着割深的增加，切槽最大截面积比增加。当刃角为 30°，35°，40° 时，切槽最大截面积比分别从 4.89% 增加到 9.47%、从 8.51% 增加到 22.83%、从 4.30% 增加到 16.87%。切槽最大截面积比的最大值出现在刃角为 35° 时。综上所述，

切槽最大截面积与切割力、刃角和割深密切相关。

表 4–2　不同割深的切槽最大截面积比

刃角/（°）	30			35			40		
割深/mm	0.7	1.5	2.3	0.7	1.5	2.3	0.7	1.5	2.3
切槽最大截面积比/%	4.89	6.32	9.47	8.51	18.56	22.83	4.30	9.23	16.87

3. 基于三维模型的结构分析

当刃角为 35° 时，茶茎秆的三维可视化形态特征如图 4–7 所示。从图 4–7（b）、（c）和（d）中可以看出，茎秆表皮向内收缩，在不规则的切槽周围发生变形；切槽深度低于割深。这可能是由于测试仪器的精度问题，也可能是由于茶茎秆为弹性材料，具有流变特性和蠕变特性[56]。

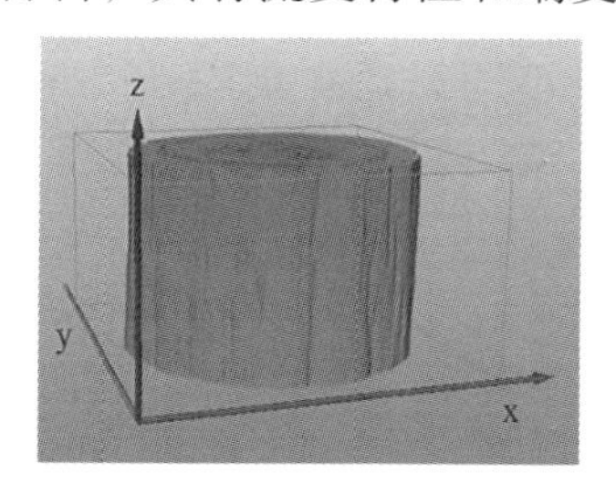

（a）无切槽的茎秆

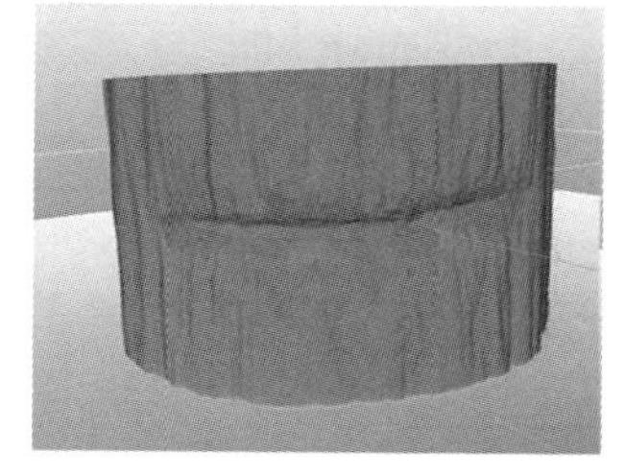

（b）切槽深度为 0.7 mm

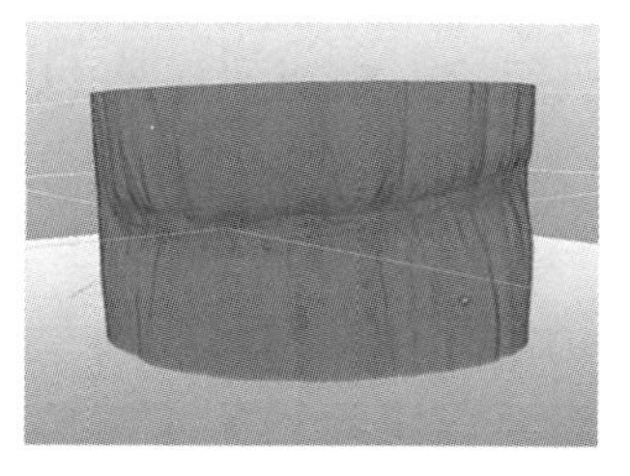

（c）切槽深度为 1.5 mm

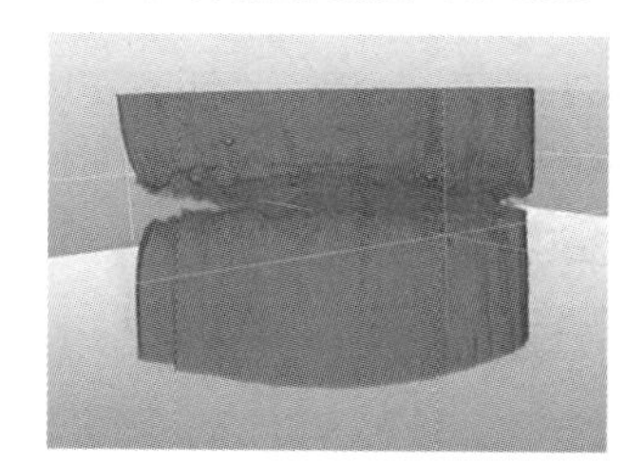

（d）切槽深度为 2.3 mm

图 4–7　基于不同切槽的茶茎秆三维可视图

通过式（4-12）～式（4-14）计算得到切槽体积比（表 4-3 和表 4-4）。如表 4-3 所示为不同刃角在切割力 10 N 时的切槽体积比，如表 4-4 所示为不同割深下切槽体积比。由表 4-3 可知，最大割深为 1.18 mm，最大切槽体积比为 3.66%，此时刃角为 35°。由表 4-4 可知，割深从 0.7 mm 增加到 2.3 mm 时，切槽体积比随之提高。当刃角为 30°、35°、40° 时，切槽体积比分别从 1.59% 增加到 2.13%、从 2.98% 增加到 5.76%、从 2.04% 增加到 5.01%。由表 4-3 和表 4-4 可以看出，切槽体积比的最大值出现在刃角为 35° 时，且切槽体积与刃角和割深密切相关。

表 4-3　切割力为 10 N 时的切槽体积比

刃角/（°）	30	35	40
割深/mm	0.96	1.18	1.04
切槽体积比/%	1.68	3.66	3.30

表 4-4　不同割深的切槽体积比

刃角/（°）	30			35			40		
割深/mm	0.7	1.5	2.3	0.7	1.5	2.3	0.7	1.5	2.3
切槽体积比/%	1.59	1.87	2.13	2.98	4.17	5.76	2.04	3.75	5.01

4. 切割力对切槽体积比的影响

切割力是改变茎秆切槽结构的重要因素。如图 4-8 表示切槽体积比和切割力的关系。当刃角为 30° 时，切割力由 3.37 N 改变到 27.88 N，切槽体积比的变化范围由 1.29% 增至 7.22%。当切槽体积比为最大值 7.22% 时，切割力为 18.82 N。当刃角为

35° 时，切割力从 3.70 N 增加到 27.88 N，切槽体积比从 1.35% 增加到 7.34%。当切割力为 22.04 N 时，切槽体积比为最大值 7.34%。当刃角为 40° 时，切割力从 6.54 N 增加到 30.25 N，切槽体积比由 1.81% 增至 5.78%。切槽体积比的最大值为 5.78%，此时切割力为 25.17 N。在割深为 1.5 mm 时，切槽体积比及相应切割力的值，如表 4-5 所示。由表 4-5 可知，随着刃角的增加，切割力增大，而切槽体积比呈现减小的趋势。切槽体积比与切割力有较大的相关性，王升的研究也得到了类似结论[78]。

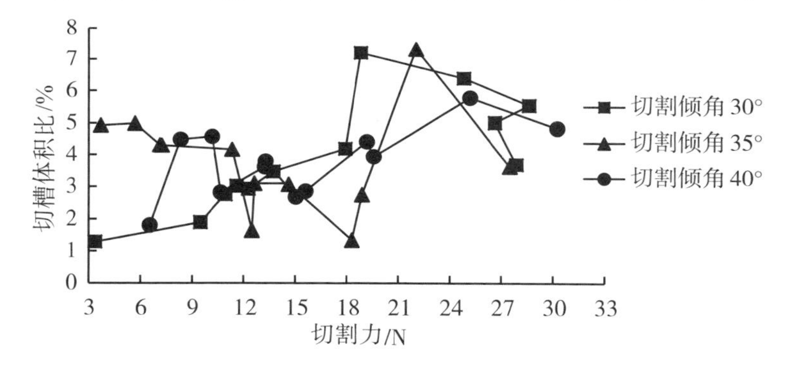

图 4-8 切槽体积比和切割力的相关性

表 4-5 切槽体积比（割深为 1.5 mm）

序 号	刃角/（°）	30	35	40
1	切割力 /N	17.92	18.90	19.58
	切槽体积比 /%	4.20	3.95	2.75
2	切割力 /N	13.72	14.62	15.03
	切槽体积比 /%	3.47	3.07	2.68
3	切割力 /N	10.94	12.63	13.23
	切槽体积比 /%	9.76	8.31	3.62

综上所述，当割刀的刃角分别为 30°、35°、40° 时，随着割深的增加，切槽最大截面积比分别从 4.89% 增加到 9.47%、从 8.51% 增加到 22.83%、从 4.30% 增加到 22.83%，切槽体积比分别从 1.59% 增加到 2.13%，从 2.98% 增加到 5.76%，从 3.04% 增加到 5.01%。当割刀刃角为 35° 时，切槽最大截面积比和体积比均为最大。

4.4　割刀参数优化

往复式切割器的切割图由割刀相对地面运动的扫描图形成，是评价切割器工作性能的重要工具。夏萍等人以优化重割区和漏割区面积为目标，通过 Matlab 软件对往复式切割器的切割图进行数值模拟，研究发现齿距和齿高对重割区和漏割区面积有显著影响，割刀的齿顶宽度和齿根宽度对重割区和漏割区面积无显著影响 [81]。然而，宋占华等人通过仿真技术和响应面分析，发现齿顶宽度、齿根宽度、齿高以及两两间的交互作用对往复式切割器的切割效率都有显著影响 [133]。因此，本书选取齿顶宽度、齿根宽度、齿高、齿距和刀机速比为影响因素 [134-135]。为研究这些因素对切割器工作性能的影响，先建立切割器三维模型，然后利用其进行运动学仿真分析，得到切割图。基于切割图，以一次切割率、重割率和漏割率为指标，优化割刀结构和运动参数。基于上文研究可以发现，为实现高质量切割，采茶机械应选择高速有支撑切割。因此，本研究中采茶机械的切割器选择双动割刀往复式切割器。

4.4.1 割刀运动学模型

1. 模型建立

Pro/Engineer（PTC公司，美国）软件是当今产品设计中重要的三维建模软件之一。本试验通过Pro/Engineer软件建立双动割刀往复式切割器三维模型，然后应用机械系统动力学自动分析软件ADAMS（MSC公司，美国）对往复式切割器进行仿真分析。为了便于仿真设计和减少约束，在进行切割器建模时，将模型简化为四个部分：偏心轮、连杆、割刀和固定平台。其中，连杆包括上连杆和下连杆，割刀包括上割刀和下割刀。

在Pro/Engineer软件中建好三维模型后保存副本命令，并生成*.x_t文件。然后，在ADAMS2013/View软件中新建model，在File To Read选项中选择Browse导入格式为*.x_t的三维模型。最后，将模型中各个零件的材料属性定义为45钢，并添加约束和驱动。各部件间的约束包括固定平台与地面、固定平台与偏心轮、偏心轮与上连杆、偏心轮与下连杆、上连杆与上割刀片、下连杆与下割刀片、上割刀片与固定平台；下割刀片与固定平台。固定平台与地面间设置前进速度，曲柄连杆的转速用于控制切割器割刀的往复运动。

2. 割刀运动轨迹导出

在ADAMS软件中设置曲柄连杆的转速和切割器的前进速度，前进速度设为0.5 m/s。在割刀边缘端点标记MARK点，用于获取割刀的运动轨迹线坐标值。将轨迹线坐标值在Excel表格中转换成坐标点，然后在AutoCAD软件中生成运动轨迹线[78]。在AutoCAD软件中绘制割刀的几何图形，并将轨迹线复制到割刀边缘端点，形成双动割刀往复式切割器一个行程的切割图，如图 4-9 所示。

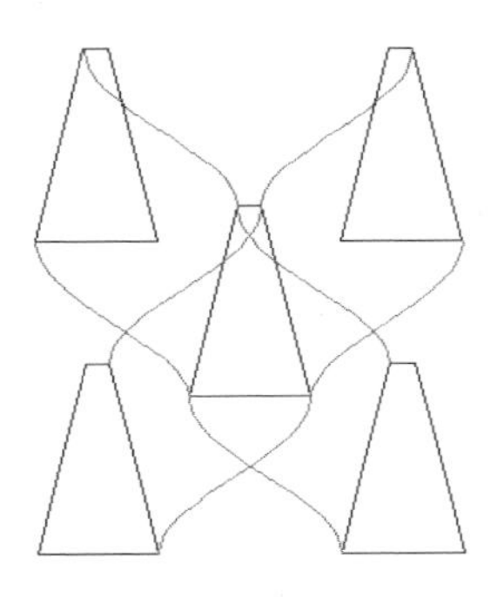

图 4-9　CAD 中的切割图

4.4.2　滑切的切割图分析

图 4-10 为双动割刀运动轨迹线，两相邻刀片间的区域是切割区。从理论上分析，切割区可以分为三个部分：一次切割区、重割区和漏割区 [8]。

（1）Ⅰ区为一次切割区，该区域的新梢仅被割刀切割一次，且无漏割、重割现象。

（2）Ⅱ区为重割区，该区域为割刀向左和向右运动时都能切割到的区域。此区域的新梢被切割 2 次。

（3）Ⅲ区为漏割区，该区域为两个割刀切割的空白区域。此区域的新梢被割刀推倒情况严重，倾斜的新梢被下一次切割，留下的割茬较高。该区域过大会造成茎秆相对集中，切割阻力增大，甚至会出现拉断、漏割现象，并导致采摘的茶叶质量变差。

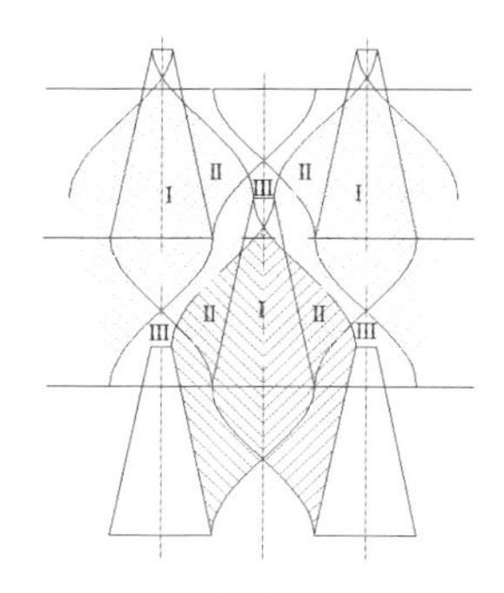

图 4-10　往复式切割器切割图

因此，在切割过程中，为保证切割质量和效率，需增加一次切割区面积，减少重割区和漏割区面积。其中，一次切割率、重割率和漏割率的计算公式如下：

$$y = \frac{S_1}{S} \times 100\% \tag{4-15}$$

$$z = \frac{S_2}{S} \times 100\% \tag{4-16}$$

$$w = \frac{S_3}{S} \times 100\% \tag{4-17}$$

$$S = S_1 + S_2 + S_3 \tag{4-18}$$

式中：S 为总切割面积，m^2；S_1 为一次切割区面积，m^2；S_2 为重割区面积，m^2；S_3 为漏割区面积，m^2；y 为一次切割率，%；z 为重割率，%；w 为漏割率，%。

4.4.3　基于切割图的割刀参数优化

1. 响应面试验设计

响应面分析是指利用合理的试验设计方法，通过试验得到数据，采用多元回归方程拟合因素和响应值间的函数关系解决多变量问题，同时找到较优解的一种统计方法。该方法既可以减少试验次数和缩短试验时间，又可以迅速得到有效的试验结果。本试验采用的响应面分析软件为 Design-Expert 8.0.6（Start-Ease 公司，美国）。

金心怡从理论切割图着手，对国内常见的采茶机械进行刀机速比分析，提出最佳的刀机速比为 0.8 ～ 1.0[76]。同时，测得 4CDW-330 型单人采茶机的齿高为 30 mm，齿距为 30 mm；4CW-1000 型双人采茶机的齿高为 30 mm，齿距为 35 mm；PHV-1000 的齿高为 26 mm，齿距为 35 mm[76]。由于厂家切割器规格不同，为了便于分析，参考国内外多种采茶机械的切割器结构参数，设定齿顶宽度的范围为 3 ～ 5 mm，齿根宽度的范围为 12 ～ 14 mm，齿高的范围为 28 ～ 32 mm，齿距的范围为 35 ～ 45 mm，刀机速比的范围为 0.8 ～ 1.2 mm。本书选取齿顶宽度、齿根宽度、齿高、齿距和刀机速比为影响因素，一次切割率、重割率和漏割率为评价指标。在空载状态下分析齿顶宽度、齿根宽度、齿高、齿距、刀机速比对一次切割率、重割率和漏割率的影响，并进行单因素仿真试验，然后利用响应面法分析双因素交互作用[8]，建立相应数学模型，优化切割器的结构和运动参数。如表 4-6 所示为响应面分析因素与水平，以 -1，0，1 表示各因素水平由低到高。

表 4-6　响应面分析因素与水平

水　平	因素				
	齿顶宽度x_1/mm	齿根宽度x_2/mm	齿高x_3/mm	齿距x_4/mm	刀机速比x_5
−1	3	12	28	35	0.8

续 表

水 平	因素				
	齿顶宽度x_1/mm	齿根宽度x_2/mm	齿高x_3/mm	齿距x_4/mm	刀机速比x_5
0	4	13	30	40	1.0
1	5	14	32	45	1.2

2. 响应面分析方案与结果

将齿顶宽度、齿根宽度、齿高、齿距和刀机速比分别记为x_1，x_2，x_3，x_4，x_5；y，z 和 w 分别为一次切割率、重割率和漏割率的响应值。响应面分析方案及试验结果，如表 4-7 所示。

表 4-7 响应面分析方案及试验结果

试验编号	试验因素					评价指标		
	x_1	x_2	x_3	x_4	x_5	y/%	z/%	w/%
1	−1	0	0	0	1	78.819	20.323	0.859
2	0	0	0	0	0	87.260	12.010	0.730
3	0	0	1	1	0	86.090	13.278	0.631
4	1	0	0	1	0	88.241	10.880	0.879
5	0	1	0	0	1	80.452	18.916	0.632
6	−1	−1	0	0	0	84.205	15.297	0.498
7	1	0	0	0	1	80.793	18.405	0.803
8	0	1	0	0	−1	90.964	8.070	0.966
9	0	−1	0	0	1	79.682	19.728	0.591

续　表

试验编号	试验因素					评价指标		
	x_1	x_2	x_3	x_4	x_5	$y/\%$	$z/\%$	$w/\%$
10	1	0	0	−1	0	84.472	14.412	1.116
11	0	0	0	−1	1	79.461	19.819	0.720
12	0	0	1	0	1	78.218	21.206	0.576
13	1	1	0	0	0	86.099	12.923	0.979
14	0	−1	0	1	0	87.655	11.694	0.651
15	−1	0	0	−1	0	81.707	17.727	0.566
16	−1	0	−1	0	0	86.502	12.938	0.560
17	0	0	−1	0	1	81.995	17.353	0.652
18	−1	1	0	0	0	84.899	14.561	0.540
19	−1	0	0	0	−1	90.344	8.982	0.674
20	0	−1	−1	0	0	86.943	12.304	0.753
21	0	−1	0	0	−1	90.566	8.548	0.886
22	0	1	0	1	0	88.001	11.295	0.704
23	0	0	1	−1	0	80.964	18.287	0.749
24	0	−1	0	−1	0	82.207	17.025	0.768
25	0	0	0	0	0	87.260	12.010	0.730
26	1	0	−1	0	0	87.614	11.371	1.014
27	−1	0	0	1	0	87.347	12.168	0.484
28	0	0	0	1	−1	92.588	6.543	0.869
29	0	1	−1	0	0	87.307	11.880	0.813

续 表

试验编号	试验因素					评价指标		
	x_1	x_2	x_3	x_4	x_5	y/%	z/%	w/%
30	0	0	0	0	0	87.260	12.010	0.730
31	0	0	0	0	0	87.260	12.010	0.730
32	0	0	−1	0	−1	92.064	6.934	1.002
33	0	−1	1	0	0	83.102	16.241	0.658
34	−1	0	1	0	0	82.643	16.873	0.484
35	1	0	0	0	−1	91.088	7.720	1.193
36	1	−1	0	0	0	85.807	13.273	0.920
37	0	0	−1	1	0	89.496	9.775	0.729
38	0	0	0	1	1	82.618	16.821	0.562
39	1	0	1	0	0	84.118	14.992	0.890
40	0	0	1	0	−1	89.861	9.316	0.823
41	0	0	0	0	0	87.260	12.010	0.730
42	0	0	0	−1	−1	88.281	10.722	0.997
43	0	0	−1	−1	0	84.443	14.713	0.844
44	0	1	1	0	0	83.744	15.550	0.706
45	0	1	0	−1	0	83.332	15.841	0.827
46	0	0	0	0	0	87.260	12.010	0.730

注：x_1为齿顶宽度，x_2为齿根宽度，x_3为齿高，x_4为齿距，x_5为刀机速比，y为一次切割率，z为重割率，w为漏割率。

3. 回归模型建立与显著性检验

（1）一次切割率回归模型

一次切割率的方差分析，如表 4-8 所示。由表 4-8 可知，一次切割率回归模型的 F 检验呈极显著（$P< 0.001$）；模型的失拟度不显著（$P_{失拟}< 0.05$）；模型的校正决定系数 R^2 为 0.989，说明该模型能解释 98.90% 的响应值变化，仅有总变异的 1.08% 不能用此模型来解释。分析表明，回归模型能较好地表征一次切割率与齿顶宽度、齿根宽度、齿高、齿距、刀机速比的关系。

表 4-8　一次切割率的方差分析

来　源	平方和	自由度	均方差	F值	P值
回归模型	608.051	20	30.403	207.915	< 0.001**
x_1	8.652	1	8.652	59.167	< 0.001**
x_2	1.341	1	1.341	9.171	0.0056**
x_3	47.697	1	47.697	326.190	< 0.001**
x_4	86.350	1	86.350	590.522	< 0.001**
x_5	438.061	1	438.061	2 995.782	< 0.001**
x_1x_2	0.041	1	0.041	0.277	0.603
x_1x_3	0.033	1	0.033	0.224	0.640
x_1x_4	0.876	1	0.876	5.991	0.022*
x_1x_5	0.379	1	0.379	2.588	0.120
x_2x_3	0.019	1	0.019	0.132	0.719

续　表

来　源	平方和	自由度	均方差	F值	P值
x_2x_4	0.151	1	0.151	1.035	0.319
x_2x_5	0.035	1	0.035	0.237	0.631
x_3x_4	0.001	1	0.001	0.009	0.924
x_3x_5	0.619	1	0.619	4.236	0.050
x_4x_5	0.331	1	0.331	2.263	0.145
x_1^2	11.455	1	11.455	78.340	< 0.001**
x_2^2	11.013	1	11.013	75.318	< 0.001**
x_3^2	10.788	1	10.788	73.776	< 0.001**
x_4^2	8.072	1	8.072	55.202	< 0.001**
x_5^2	6.877	1	6.877	47.027	< 0.001**
残差	3.656	25	0.146		
失拟度	3.656	20	0.183		
纯误差	0.000	5	0.000		
总变异	611.707	45			
R^2	0.994				
校正 R^2	0.989				
预测 R^2	0.976				

注：** 表示 P< 0.01（极显著），* 表示 P< 0.05（显著）。

在模型中，一次项 x_1，x_2，x_3，x_4，x_5 和二次项 x_1^2、x_2^2、

x_3^2、x_4^2、x_5^2 影响极显著（$P< 0.01$）；交互项 x_1x_4 影响显著（$P< 0.05$）；交互项 x_3x_5 有一定影响（$P< 0.1$）；其他项影响不显著。为了提高模型精度，剔除原回归方程中的不显著因子项，可得到一次切割率 y 与各影响因素编码值的二次回归模型：

$$y=87.46+0.74x_1+0.29x_2-1.73x_3+2.32x_4-5.23x_5-0.47x_1x_4-0.39x_3x_5-1.15x_1^2-1.12x_2^2-1.11x_3^2-0.96x_4^2-0.89x_5^2 \quad (4-19)$$

该模型的校正决定系数 R^2 为 0.990，预测决定系数 R^2 为 0.985。在回归方程中，各因素系数的绝对值代表该因素影响模型预测结果的能力。在式（4−19）中，因素 x_1，x_2，x_3，x_4，x_5 的绝对值分别为 0.74，0.29，1.73，2.32 和 5.23。因此，各因素对一次切割率 y 的影响由大到小为 x_5，x_4，x_3，x_1 和 x_2，即刀机速比、齿距、齿高、齿顶宽度和齿根宽度。

（2）重割率回归模型

重割率的方差分析，如表 4−9 所示。由表 4−9 可知，重割率回归模型的 F 检验呈极显著（$P< 0.001$）；模型的失拟度不显著（$P_{失拟}< 0.05$）；模型的校正决定系数 R^2 为 0.990，说明该模型能解释 99.00% 的响应值变化，仅有总变异的 1.01% 不能用此模型来解释。此模型的拟合程度良好，试验误差小。分析表明，回归模型能较好地表征重割率与齿顶宽度、齿根宽度、齿高、齿距、刀机速比的关系。

表 4−9 重割率的方差分析

来 源	平方和	自由度	均方差	F值	P值
回归模型	628.178	20	31.409	220.716	< 0.001**
x_1	13.865	1	13.865	97.433	< 0.001**
x_2	1.609	1	1.609	11.309	0.003**

续　表

来　源	平方和	自由度	均方差	F值	P值
x_3	50.679	1	50.679	356.130	< 0.001**
x_4	81.418	1	81.418	572.141	< 0.001**
x_5	459.416	1	459.416	3 228.398	< 0.001**
x_1x_2	0.037	1	0.037	0.261	0.614
x_1x_3	0.025	1	0.025	0.173	0.681
x_1x_4	1.028	1	1.028	7.222	0.013*
x_1x_5	0.108	1	0.108	0.756	0.393
x_2x_3	0.018	1	0.018	0.125	0.727
x_2x_4	0.154	1	0.154	1.080	0.309
x_2x_5	0.028	1	0.028	0.196	0.662
x_3x_4	0.001	1	0.001	0.009	0.926
x_3x_5	0.541	1	0.541	3.801	0.063
x_4x_5	0.349	1	0.349	2.449	0.130
x_1^2	8.890	1	8.890	62.474	< 0.001**
x_2^2	9.336	1	9.336	65.609	< 0.001**
x_3^2	9.137	1	9.137	64.207	< 0.001**
x_4^2	6.387	1	6.387	44.885	< 0.001**
x_5^2	4.556	1	4.556	32.015	< 0.001**
残差	3.558	25	0.142		
失拟度	3.558	20	0.178		
纯误差	0.000	5	0.000		

续　表

来　源	平方和	自由度	均方差	F值	P值
总变异	631.735	45			
R^2	0.994				
校正 R^2	0.990				
预测 R^2	0.978				

注：** 表示 $P<0.01$（极显著），* 表示 $P<0.05$（显著）。

在模型中，一次项 x_1，x_2，x_3，x_4，x_5 和二次项 ${x_1}^2$，${x_2}^2$，${x_3}^2$，${x_4}^2$、${x_5}^2$ 影响极显著（$P<0.01$）；交互项 x_1x_4 影响显著（$P<0.05$）；交互项 x_3x_5 有一定影响（$P<0.1$）；其他项影响不显著。为了提高模型精度，剔除原回归方程中的不显著因子项，可得到重割率 z 与各影响因素编码值的二次回归模型：

$$y=12.01-0.93x_1-0.32x_2+1.78x_3-2.26x_4+5.36x_5+0.51x_1x_4+0.37x_3x_5+1.01x_1^2+1.03x_2^2+1.02x_3^2+0.86x_4^2+0.72x_5^2 \tag{4-20}$$

该模型的校正决定系数 R^2 为 0.991，预测决定系数 R^2 为 0.986。在回归方程中，各因素系数的绝对值代表该因素影响模型预测结果的能力。在式（4-20）中，因素 x_1，x_2，x_3，x_4，x_5 的绝对值分别为 0.94，0.32，1.78，2.26 和 5.36。因此，各因素对重割率 z 的影响由大到小为 x_5，x_4，x_3，x_1 和 x_2，即刀机速比、齿距、齿高、齿顶宽度和齿根宽度。各因素对重割率 z 的影响顺序与各因素对一次切割率 y 的影响顺序相同。

（3）漏割率回归模型

漏割率的方差分析，如表 4-10 所示。由表 4-10 可知，漏割率回归模型的 F 检验呈极显著（$P<0.001$）；模型的失拟度不显著（$P_{失拟}<0.05$）；模型的校正决定系数 R^2 为 0.881，说明

该模型能解释 88.10% 的响应值变化，总变异的 11.87% 不能用此模型来解释，模型的拟合程度良好。分析表明，回归模型能较好地表征漏割率与齿顶宽度、齿根宽度、齿高、齿距、刀机速比的关系。

表 4-10　漏割率的方差分析

来　源	平方和	自由度	均方差	F值	P值
回归模型	1.250	20	0.063	17.713	< 0.001**
x_1	0.612	1	0.612	173.470	< 0.001**
x_2	0.012	1	0.012	3.464	0.075
x_3	0.045	1	0.045	12.812	0.001**
x_4	0.073	1	0.073	20.553	< 0.001**
x_5	0.254	1	0.254	72.038	< 0.001**
x_1x_2	0.000	1	0.000	0.021	0.887
x_1x_3	0.000	1	0.001	0.163	0.690
x_1x_4	0.006 1	1	0.006	1.716	0.202
x_1x_5	0.083	1	0.083	23.393	< 0.001**
x_2x_3	0.000	1	0.000	0.010	0.922
x_2x_4	0.000	1	0.000	0.003	0.961
x_2x_5	0.000	1	0.000	0.104	0.750
x_3x_4	0.000	1	0.000	0.000	0.985
x_3x_5	0.003	1	0.003	0.753	0.394

续　表

来　源	平方和	自由度	均方差	F值	P值
x_4x_5	0.000	1	0.000	0.064	0.802
x_1^2	0.073	1	0.073	20.665	< 0.001**
x_2^2	0.017	1	0.017	4.803	0.038*
x_3^2	0.017	1	0.017	4.704	0.040*
x_4^2	0.033	1	0.033	9.275	0.005**
x_5^2	0.126	1	0.126	35.716	< 0.001**
残差	0.088	25	0.004		
失拟度	0.088	20	0.004		
纯误差	0.000	5	0.000		
总变异	1.338	45			
R^2	0.934				
校正 R^2	0.881				
预测 R^2	0.736				

注：** 表示 P< 0.01（极显著），* 表示 P< 0.05（显著）。

在模型中，一次项 x_1，x_3，x_4，x_5，二次项 x_1^2，x_4^2，x_5^2 和交互项 x_1x_5 影响极显著（P< 0.01）；二次项 x_2^2,x_3^2 影响显著（P< 0.05）；一次项 x_2 有一定影响（P< 0.1）；其他项影响不显著。为了提高模型精度，剔除原回归方程中的不显著因子项，可得到漏割率 w 与各影响因素编码值的二次回归模型：

$$y=0.62+0.20x_1+0.03x_2-0.05x_3-0.07x_4-0.13x_5-0.14x_1x_5+0.09x_1^2+0.04x_2^2+0.04x_3^2+0.06x_4^2+0.12x_5^2 \quad (4-21)$$

该模型的校正决定系数 R^2 为 0.903，预测决定系数 R^2 为 0.773。在回归方程中，各因素系数的绝对值代表该因素影响模型预测结果的能力。在式（4-21）中，因素 x_1，x_2，x_3，x_4，x_5 的绝对值分别为 0.20，0.03，0.05，0.07 和 0.13。因此，各因素对漏割率 w 的影响由大到小为 x_1, x_5, x_4, x_3, x_2，即齿顶宽度、刀机速比、齿距、齿高、齿根宽度。

4. 单因素效应分析

对于一次切割率，固定 4 个因素的水平编码值为零[137]，在式（4-19）的基础上建立一次切割率与 5 个因素编码值的回归方程，如式（4-22）～式（4-26）所示。

$$y=87.46+0.74x_1-1.15x_1^2 \quad (4-22)$$

$$y=87.46+0.29x_2-1.12x_2^2 \quad (4-23)$$

$$y=87.46-1.73x_3-1.11x_3^2 \quad (4-24)$$

$$y=87.46+2.32x_4-0.96x_4^2 \quad (4-25)$$

$$y=87.46-5.23x_5-0.89x_5^2 \quad (4-26)$$

各因素对一次切割率的影响曲线，如图 4-11 所示，可知在规定的割刀结构参数范围内，一次切割率随齿顶宽度和齿根宽度的增加呈现先增后减的变化趋势（$P<0.01$），表明割刀的齿顶宽度和齿根宽度过大或过小都会降低一次切割率；一次切割率随着齿高的增加而缓慢减小，随着刀机速比的增加而迅速减小，且变化都是显著的（$P<0.01$），表明刀机速比对一次切割率的影响较大，其参数选取不宜过大；一次切割率随着齿距

的增加而缓慢增加，表明在设计中齿距是一个非常重要的参数（$P<0.01$）。单因素效应分析表明，齿顶宽度、齿根宽度、齿高、齿距和刀机速比对一次切割率都具有显著影响。在合理范围内，适当增加齿距、适当减小齿高和刀机速比有助于提高一次切割率，且齿顶宽度和齿根宽度不宜设计过大或过小。

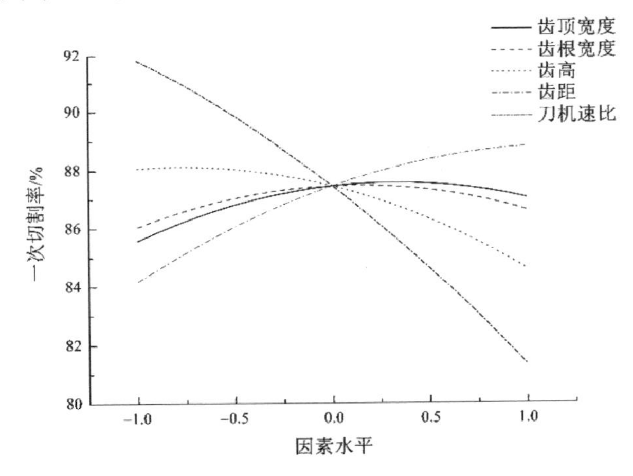

图 4-11　单因素与一次切割率的关系

对于重割率，固定 4 个因素的水平编码值为零，在式（4-20）的基础上建立重割率与 5 个因素编码值的回归方程，如式（4-27）～式（4-31）所示。

$$y = 12.01 - 0.93x_1 + 1.01x_1^2 \tag{4-27}$$

$$y = 12.01 - 0.32x_2 + 1.03x_2^2 \tag{4-28}$$

$$y = 12.01 + 1.78x_3 + 1.02x_3^2 \tag{4-29}$$

$$y = 12.01 - 2.26x_4 + 0.86x_4^2 \tag{4-30}$$

$$y = 12.01 + 5.36x_5 + 0.72x_5^2 \tag{4-31}$$

各因素对重割率的影响曲线，如图 4-12 所示，可知在规定的割刀结构参数范围内，重割率随着齿高和刀机速比的增加呈现增加的显著变化趋势（$P<0.01$），表明刀机速比不宜过大；重割率随着齿顶宽度、齿根宽度和齿距的增加呈现下降的变化趋势，且变化是显著的（$P<0.01$）；相对于重割率随着刀机速比的变化趋势，重割率随着齿顶宽度、齿根宽度、齿高和齿距的变化趋势较为平缓。单因素效应分析表明，齿顶宽度、齿根宽度、齿高、齿距和刀机速比对重割率都具有显著影响。在合理范围内，适当减小齿距、刀机速比和适当增加齿顶宽度、齿根宽度、齿距有利于降低重割率。

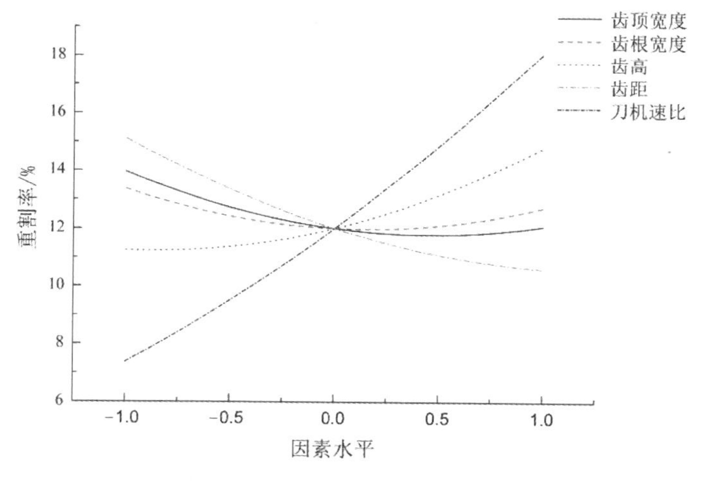

图 4-12　单因素与重割率的关系

对于漏割率，固定 4 个因素的水平编码值为零，在式（4-21）的基础上建立漏割率与 5 个因素编码值的回归方程，如式（4-32）～式（4-36）所示。

$$y = 0.62 + 0.20x_1 + 0.09x_1^2 \quad (4-32)$$

$$y = 0.62 + 0.03x_2 + 0.04x_2^2 \quad (4-33)$$

$$y = 0.62 - 0.05x_3 + 0.04x_3^2 \quad (4-34)$$

$$y = 0.62 - 0.07x_4 + 0.06x_4^2 \quad (4-35)$$

$$y = 0.62 - 0.13x_5 + 0.12x_5^2 \quad (4-36)$$

各因素对漏割率的影响曲线，如图 4-13 所示，可知在规定的割刀结构参数范围内，漏割率随着齿顶宽度的增加呈现上升的显著变化趋势（$P<0.01$）；漏割率随着齿高、齿距和刀机速比的增加呈现下降的显著变化趋势（$P<0.01$）；随着齿根宽度的不断增加，漏割率呈现缓慢下降后缓慢上升的变化趋势，且变化是显著的（$P<0.05$）。单因素效应分析表明，齿顶宽度、齿根宽度、齿高、齿距和刀机速比对漏割率都具有显著影响。为减少漏割率，在合理范围内，可适当减小齿顶宽度和适当增加齿根宽度、齿高、齿距、刀机速比。

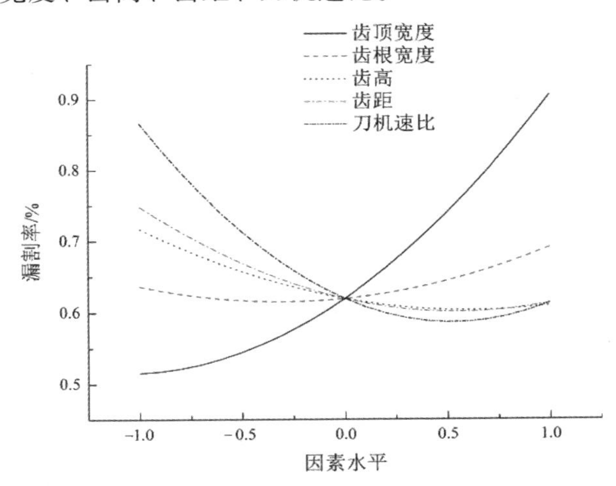

图 4-13　单因素与漏割率的关系

综上所述，齿顶宽度、齿根宽度、齿高、齿距和刀机速比对一次切割率、重割率和漏割率都具有显著影响。因此，以能够反映切割图中各区域面积关系的一次切割率、重割率和漏割率为目标，研究割刀的主要结构参数（齿顶宽度、齿根宽度、齿高、齿距）和运动参数（刀机速比）对切割性能的影响可优化切割参数。

5. 双因素效应分析

响应面图由回归方程绘制是响应值在各影响因素交互作用下得到的一个三维空间曲面，可用于检验和预测各影响因素的响应值以及确定交互关系。当齿顶宽度、齿根宽度、齿高、齿距和刀机速比中 3 个影响因素固定时，分析另 2 个影响因素交互作用对一次切割率、重割率和漏割率的影响。根据回归方程做出模型的响应面，如图 4-14 ～图 4-16 所示。

由一次切割率方差分析表（表 4-8）可知，齿顶宽度与齿距的交互作用对一次切割率的影响显著（$P< 0.05$）。因此，需要对齿顶宽度与齿距的交互作用对一次切割率的影响进行分析。由图 4-14 可知，一次切割率随着齿顶宽度的增加先缓慢上升后下降，在不同齿距范围内，一次切割率随着齿顶宽度的变化而不同。一次切割率随着齿距的增加呈现上升趋势，在不同齿顶宽度下，齿距对一次切割率的影响程度也不相同。由图 4-14 可以看出，当齿顶宽度为 4 mm 左右、齿距在 37 ～ 41 mm 时，一次切割率达到最优。

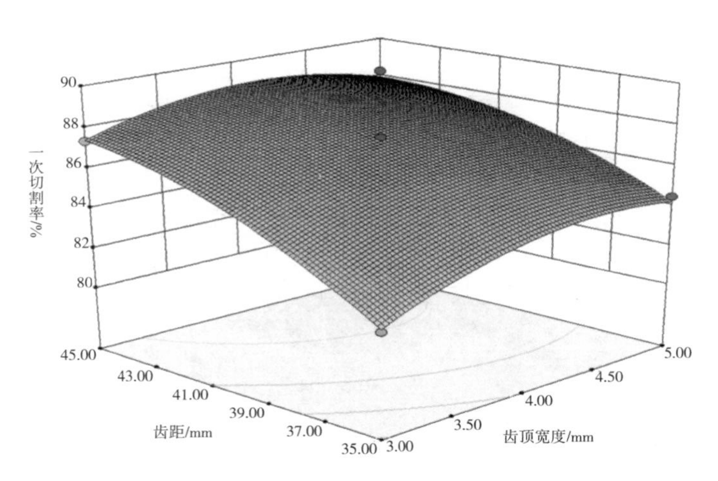

图 4-14　齿顶宽度与齿距对一次切割率影响的响应面图

由重割率方差分析表（表 4-9）可知，齿顶宽度与齿距的交互作用对重割率的影响显著（$P< 0.01$）。因此，需要对齿顶宽度与齿距的交互作用对重割率的影响进行分析。由图 4-15 可知，重割率随着齿顶宽度增加呈下降趋势，在不同齿距范围内，重割率随着齿顶宽度的变化而不同。重割率随着齿距的增加呈下降趋势，在不同齿顶宽度下，齿距对重割率的影响程度也是不同的。由图 4-15 可以看出，当齿顶宽度为 4 mm 左右、齿距在 39 ～ 41 mm 时，重割率达到最低。

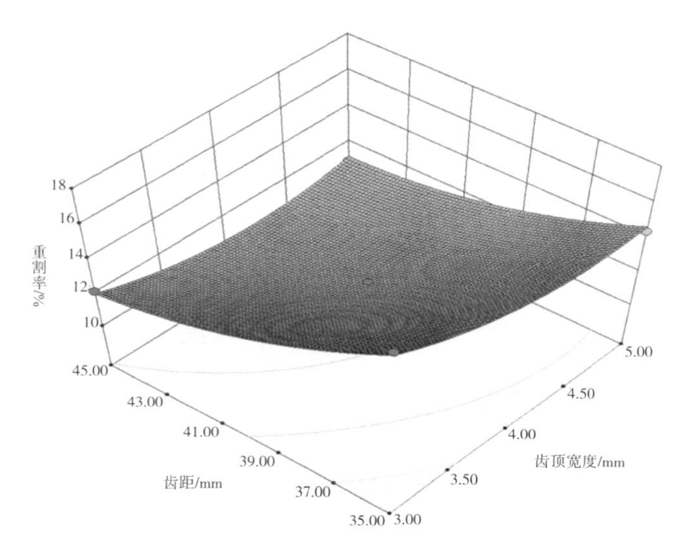

图 4-15　齿顶宽度与齿距对重割率影响的响应面图

由漏割率方差分析表（表 4-10）可知，齿顶宽度与刀机速比的交互作用对漏割率的影响显著（P< 0.01）。因此，需要对齿顶宽度与刀机速比的交互作用对漏割率的影响进行分析。由图 4-16 可知，漏割率随着齿顶宽度增加呈现缓慢增加的变化趋势，在不同刀机速比的范围内，齿顶宽度对漏割率的影响程度不同。漏割率随着刀机速比的增加呈现下降趋势，在不同齿顶宽度下，漏割率随着齿顶宽度变化而变化。由图 4-16 可以看出，当刀机速比为 1.0 左右、齿顶宽度在 3.5 ～ 4.5 mm 时，漏割率最低。

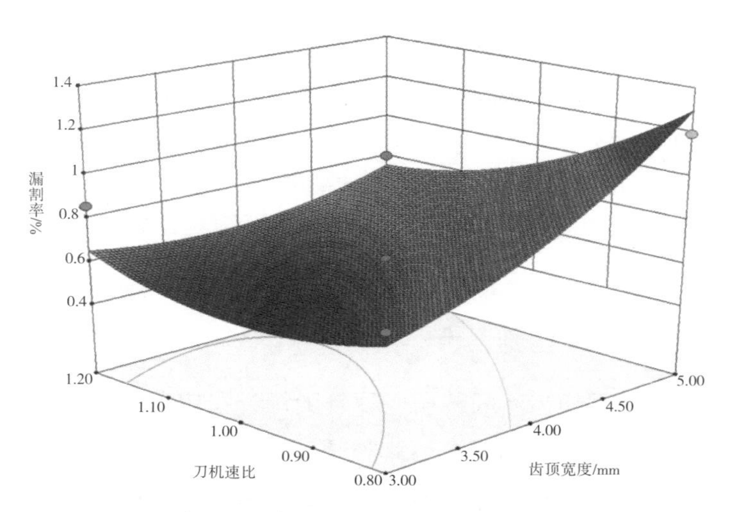

图 4-16　齿顶宽度与刀机速比对漏割率影响的响应面图

6. 参数优化与验证

在约束条件范围内，参数优化的理想结果是尽可能地提高一次切割率，降低重割率和漏割率。因此，以一次切割率最大值、重割率和漏割率最小值为优化目标，利用响应面法对二次多项回归模型进行优化求解，得到采茶机械的较优割刀结构和运动参数组合：齿顶宽度为 3.29 mm，齿根宽度为 13.02 mm，齿高为 29.37 mm，齿距为 45.00 mm，刀机速比为 0.80。此时，往复式切割的一次切割率为 92.71%，重割率为 6.43%，漏割率为 0.69%。但为了便于加工，选择的较优参数组合为齿顶宽度 3.5 mm，齿根宽度 13.0 mm，齿高 29.0 mm，齿距 45.0 mm，刀机速比 0.8。该参数组合下预测得到的一次切割率为 93.14%，重割率为 5.99%，漏割率为 0.75%。

采用较优结构和运动参数组合建立往复式切割器的简易模型，在前进速度为 0.5 m/s 的工作条件下进行 ADAMS 运动学仿真，得到优化后的割刀运动轨迹曲线，并计算切割图中一次切割区、重割区和漏割区的面积。由式（4−15）～式（4−18）计算得到一次切割率为 92.60%，重割率为 6.62%，漏割率为 0.78%，与预测值的绝对误差分别为 0.54%，0.63%，0.03%，各指标误差均低于 1%。因此，采用响应面法对往复式切割器结构和运动参数进行优化和筛选是可行的。

4.5 仿生切割设计

蟋蟀上颚切齿叶的结构坚硬且尖锐，在切割食物行为中起到了十分重要的作用。通过对蟋蟀上颚切齿叶的形态结构的探索分析，可为仿生割刀的结构参数设计提供参考依据。基于蟋蟀上颚切齿叶的形态结构，并参考采茶机械割刀的外形结构，设计几种仿生割刀。

4.5.1 无仿生元素割刀

基于现有割刀形状，将割刀设计为等腰梯形，形状简单，厚度设为 1.5 mm。通过本章上节的茎秆切槽分析可知，当割刀刃角为 35° 时，切割效果最佳。基于本章上节得到的较优参数组合为齿顶宽度 3.5 mm，齿根宽度 13.0 mm，齿高 29.0 mm。因此，无仿生元素设计的割刀 a 模型，如图 4−17 所示。

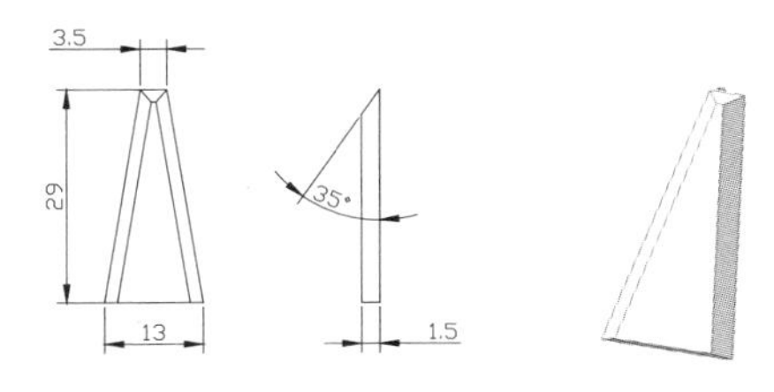

图 4−17 无仿生元素的割刀 a 模型

4.5.2　仿生割刀

由本章上节的内容可知，基于割刀结构参数对一次切割率、重割率和漏割率的影响顺序，齿顶宽度和齿根宽度的影响比其他参数小。因此，对割刀的齿顶宽度和齿根宽度参数进行修改是合理的，即把仿生元素与割刀结构参数结合是合理可行的。

仿生割刀的设计原型为蟋蟀上颚的切齿叶结构，这种坚硬锋利的结构能够提高压强，减少动力，迅速刺入食物表面。借鉴蟋蟀上颚切齿叶的锐利结构，本研究对采茶机械的割刀结构参数做出一些调整和修改，对原有的割刀进行替换或者在原有割刀的刀刃处添加切割齿。几种仿生割刀的设计尺寸，如图 4-18 ～图 4-20 所示。

图 4-18 为仿生割刀 b 的设计尺寸。仿生割刀 b 的轮廓曲线为五次多项式 [拟合方程为式（3-2）]，齿高为 29.0 mm，齿根宽度为 27.9 mm，齿厚为 1.5 mm，刃角为 35°。仿生割刀 b 为基于五次多项式仿蟋蟀切齿叶结构的割刀。

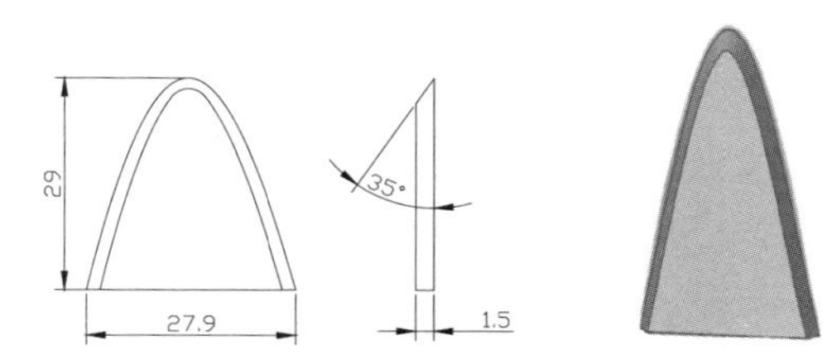

图 4-18　仿生割刀 b 模型

为了便于割刀的加工，将仿生割刀 c 的轮廓曲线设为三角形 [两天直线的拟合方程分别为式（3-3）和式（3-4）]，三角形角度分别为 62°、63° 和 55°。此外，齿高为 29.0 mm，齿根宽度为 30.1 mm，齿厚为 1.5 mm，刃角为 35°。如图 4-19

所示为仿生割刀 c 的设计尺寸。仿生割刀 c 为三角型仿蟋蟀切齿叶结构的割刀。

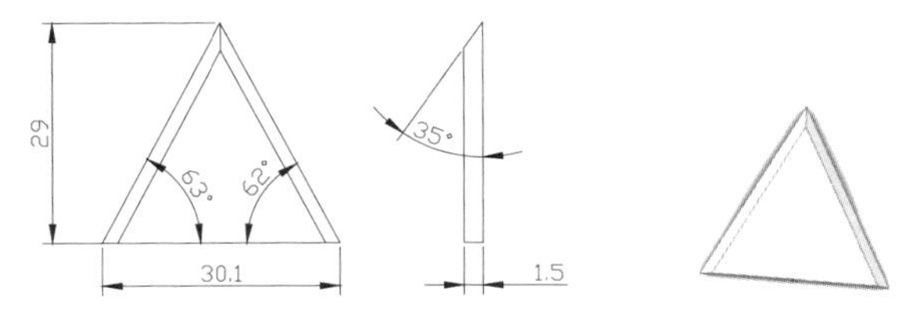

图 4–19　仿生割刀 c 模型

如图 4–20 所示为仿生割刀 d 的设计尺寸。仿生割刀 d 的刃口斜面处采用高度相同的三角形排列，三角形的角度与仿生割刀 c 的三角形角度相同，齿顶部为直线连接。此外，齿高为 29.0 mm，齿顶宽度为 3.5 mm，齿根宽度为 13.0 mm，齿厚为 1.5 mm，刃角为 35 °。仿生割刀 d 为锯齿型仿蟋蟀切齿叶结构的割刀。

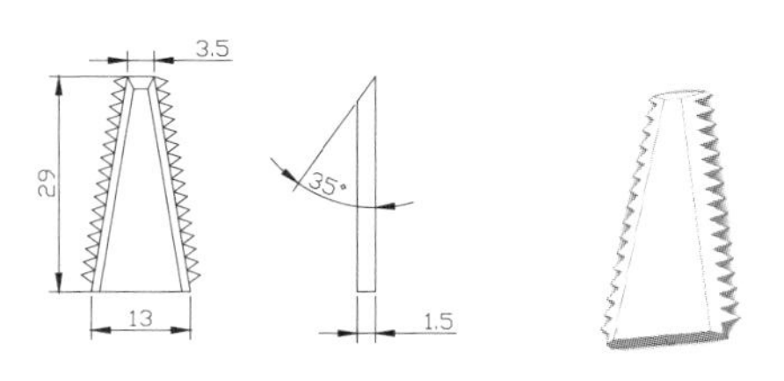

图 4–20　仿生割刀 d 模型

4.6　本章小结

（1）分析茶茎秆支撑方式和切割方式对切割性能的影响，确定在茶叶采摘时，应尽可能地采用滑切的采摘方式，同时采用高速有支撑切割，以减少切割阻力和功耗。

（2）利用 X 射线计算机断层扫描技术对茶茎秆的切槽形

态、最大截面积和体积扫描分析，结果表明：切槽最大截面积和体积与切割力、刃角和割深密切相关；当割刀的刃角分别为30°、35°、40°时，随着割深的增加，切槽最大截面积比分别从4.89%增加到9.47%、从8.51%增加到22.83%、从4.30%增加到22.83%、切槽体积比分别从1.59%增加到2.13%、从2.98%增加到5.76%、从3.04%增加到5.01%；当割刀的刃角为35°时，切槽最大截面积比和体积比均为最大。

（3）基于双动割刀往复式切割器的切割图，利用响应面分析优化切割参数。以齿顶宽度、齿根宽度、齿高、齿距和刀机速比为试验因素，以一次切割率、重割率和漏割率为试验指标，对割刀结构和运动参数优化，得到较优组合为齿顶宽度3.5 mm，齿根宽度13.0 mm，齿高29.0 mm，齿距45.0 mm，刀机速比0.8。此时，一次切割率为92.60%，重割率为6.62%，漏割率为0.78%。

（4）基于蟋蟀上颚切齿叶的形态结构，对现有切割部件的梯形割刀进行外形仿生设计，得到三种仿生割刀，分别为基于五次多项式、三角型和锯齿型仿蟋蟀切齿叶结构的割刀，即仿生割刀b、仿生割刀c和仿生割刀d。此外，无仿生元素的普通割刀a为对比组。

第 5 章　仿生切割模拟与切割性能试验

基于茶茎秆的物理特性、微观组织结构及切割特性，运用计算机模拟技术对切割过程中几种仿生割刀（仿蟋蟀切齿叶结构）的切割应力和茶茎秆的能量变化等进行分析对比。同时，利用几种仿生割刀进行切割性能试验。

5.1　仿生割刀有限元分析

5.1.1　有限元分析概述

有限元分析方法（finite element method，FEM）又称为有限元法，是基于数值分析理论且随着计算机发展而兴起的新型计算方法。有限元法的基本思想为“积零为整，化整为零”。把一个连续求解的函数转化成由若干个有限单元组成的整体，两个单元由节点相连。而转化后的单元可以按照不同的连接方式进行组合，因此可以把复杂问题进行简化。有限元法应用领域广泛，现已应用于电磁学、结构力学、声学、流体力学和化学化工反应等[127]。

ANSYS Workbench 软件是由 ANSYS 公司研发的大型通用有限分析软件，是世界上常用的计算机辅助工程软件之一，可以用于求解结构、机械、电力及碰撞问题。该软件主要由前处理模块、分析计算模块和后处理模块组成，可以为产品设计提供最优方法。利用 ANSYS Workbench 软件进行数值模拟的基本过程，如图 5-1 所示。

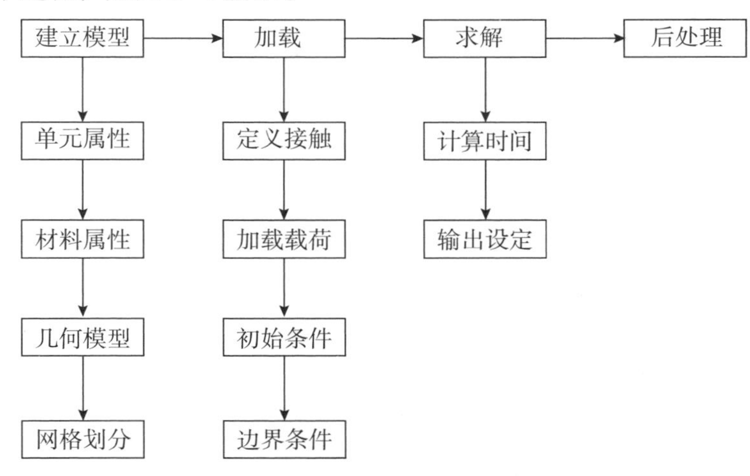

图 5-1　数值模拟的基本过程

5.1.2　仿生割刀有限元仿真分析

1. 割刀的有限元模型

在三维绘图软件 SolidWorks 中，分别建立四种割刀的实体模型，然后导入有限元分析软件 ANSYS Workbench 中进行材料属性的确定、单元网格的划分以及有限元模型的建立等。

ANSYS Workbench 软件可以提供工程常用材料及其相关参数。根据需求，选取割刀的材料为 Structural Steel，其性能指标，如表 5-1 所示。

表 5-1　割刀的性能指标

指　标	数　值
密度 /（$kg \cdot m^{-3}$）	7 850
弹性模量 /MPa	2 000
屈服强度 /MPa	250
抗拉强度 /MPa	250
泊松比	0.3

在确定好割刀实体几何模型的材料属性后，进行单元网格划分。网格的结构与疏密程度对计算结果有直接影响。ANSYS Workbench 软件中有很多划分单元和网格的方法，包括自动网格划分法、四面体网格划分法、六面体网格划分法和扫掠法等[127]。在本节计算分析中，由于割刀为不规则的结构形状，采用六面体网格划分，获得的有限元网格模型，如图 5-2 所示。

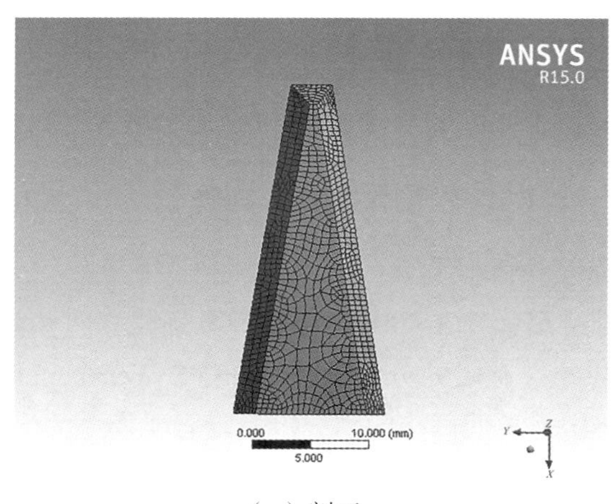

（a）割刀 a

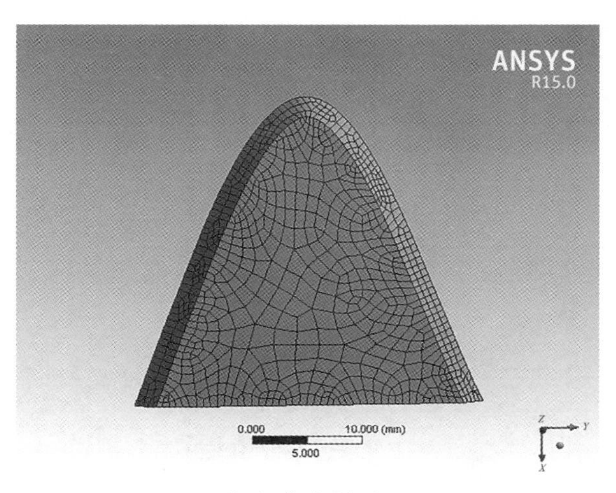

（b）仿生割刀 b

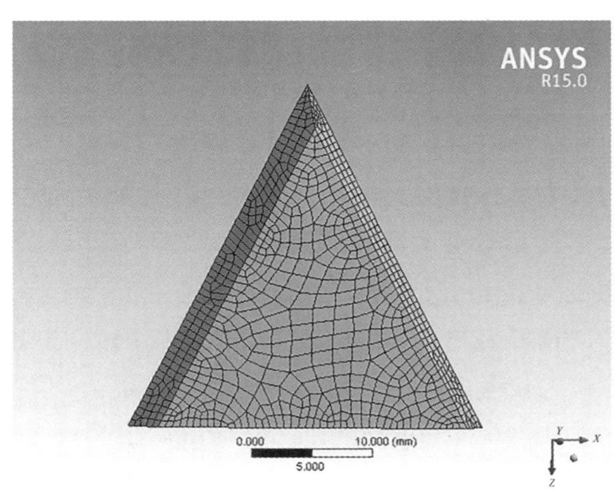

（c）仿生割刀 c

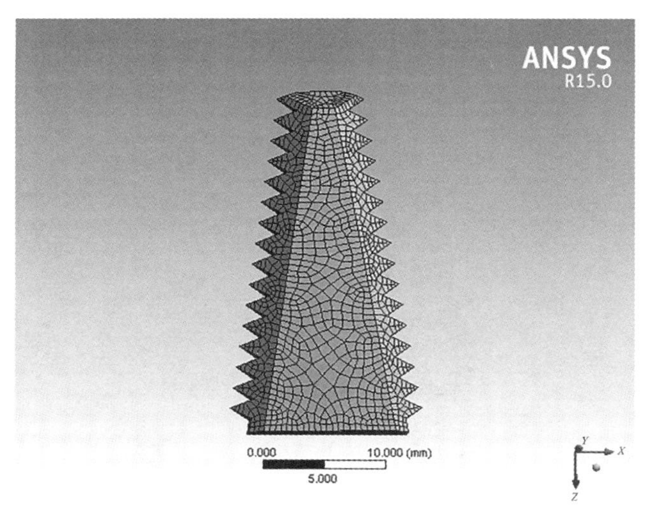

（d）仿生割刀 d

图 5-2　割刀网格图

割刀的位移边界条件也是割刀受到的一种载荷，此时可以依据割刀的安装方式来约束其自由度。根据实际情况，割刀固定在刀架上，相对自由度为零，因此割刀在 x，y，z 轴方向上的位移限制为 0 mm。在割刀进行工作时，主要受到茶茎秆的反作用力，且割刀与空气的摩擦力非常小，因此在本研究中忽略空气摩擦，仅考虑茶茎秆对割刀的载荷作用。茶茎秆第三节的切割力为 1.416 N，假设割刀同时切割两根茎秆，此时割刀受到的载荷应该为 2.832 N。因此在本研究中，割刀刃部受到的载荷设置为 3 N。

2．割刀的有限元分析

基于割刀厚度 1.5 mm，分析不同割刀类型对应力场和变形量的影响。以四种割刀为研究对象，经过分析计算后，通过后处理模块进行结果处理，得到割刀在进行切割工作时的等效应力云图、等效应变云图和总变形量云图 [138]。

冯 · 米赛斯（Von Mises）等效应力遵循材料力学的形状改变比能理论（第四强度理论）。割刀在作业过程中受力复杂，因此需要观察割刀的 Von Mises 等效应力。当割刀刃部处于单向应力状态时，只要等效应力达到材料的屈服点时，刀刃处的内部质点开始由弹性状态转变为塑性状态，即屈服。图 5-3 为割刀 a、仿生割刀 b、仿生割刀 c 和仿生割刀 d 的等效应力云图。割刀的等效应力主要集中在与茶茎秆的接触位置，四种割刀的最大等效应力值分别为 2.722 MPa，0.436 MPa，0.481 MPa 和 2.062 MPa，远小于材料的屈服强度 355 MPa。相对于割刀 a 的最大等效应力值，仿生割刀 b、仿生割刀 c 和仿生割刀 d 分别降低了 83.98%，82.32%，24.24%。所以，基于相同载荷，仿生割刀 b 和仿生割刀 c 产生的最大等效应力相似且小于割刀 a 和仿生割刀 d 产生的最大等效应力。

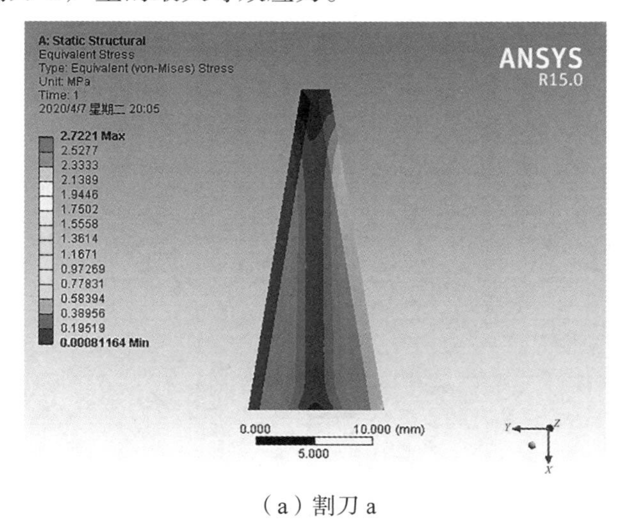

（a）割刀 a

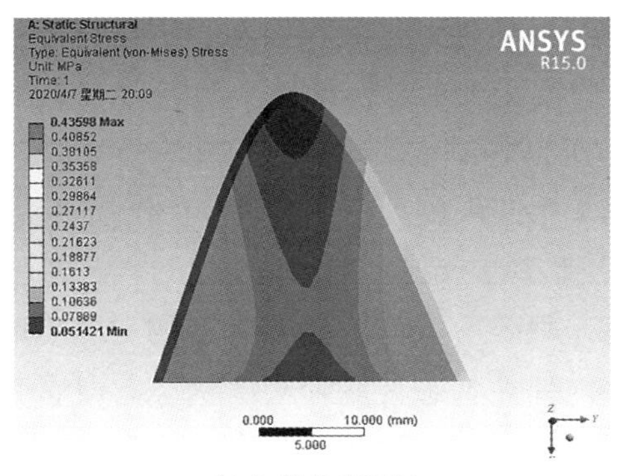

（b）仿生割刀 b

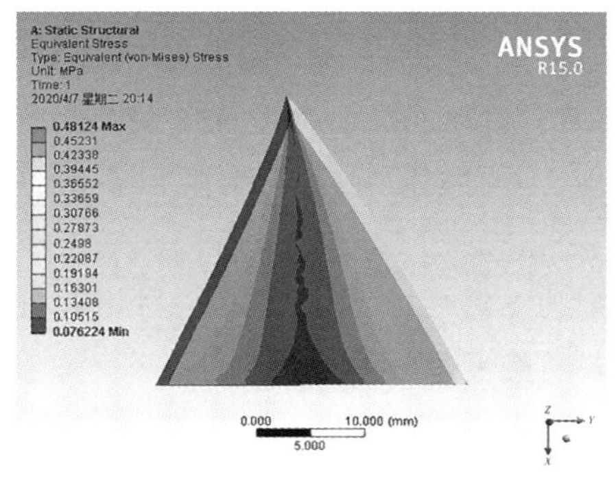

（c）仿生割刀 c

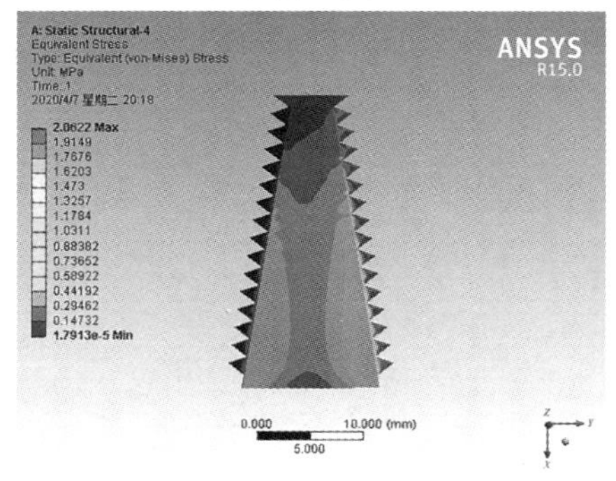

（d）仿生割刀 d

图 5–3　割刀的等效应力云图

图 5-4 为割刀 a、仿生割刀 b、仿生割刀 c 和仿生割刀 d 的等效应变云图。割刀的等效应变较为集中的地方也是等效应力较大的地方，四种割刀的最大等效应变值分别为 1.36×10^{-5} mm，2.18×10^{-6} mm，2.41×10^{-6} mm，1.11×10^{-5} mm。相较割刀 a 的最大等效应变值，仿生割刀 b、仿生割刀 c 和仿生割刀 d 分别降低了 83.97%，82.28%，18.38%。所以，基于相同载荷，割刀 a 产生的等效应变最大，其次为仿生割刀 d，最后为仿生割刀 b 和仿生割刀 c。

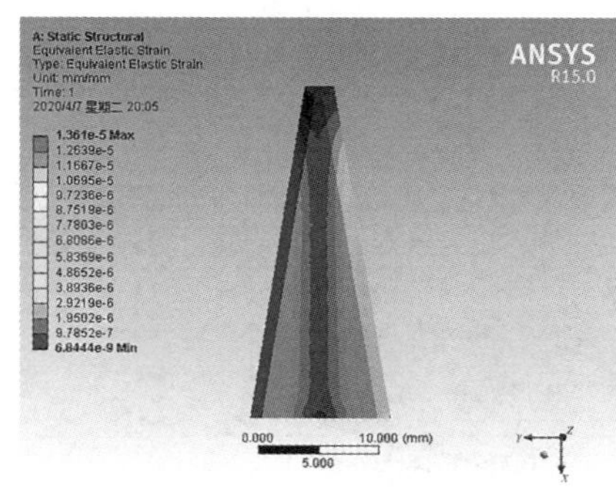

（a）割刀 a

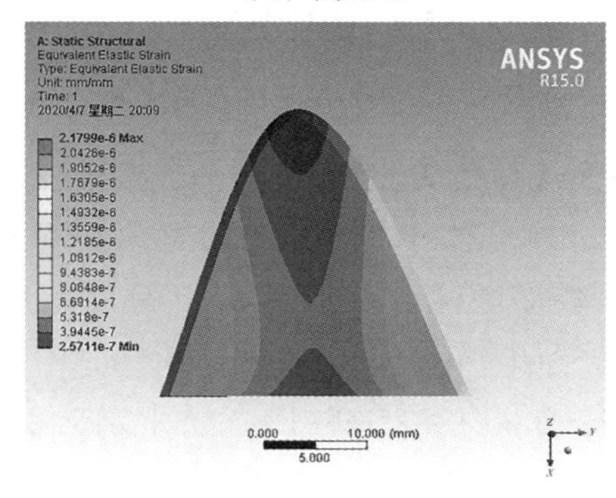

（b）仿生割刀 b

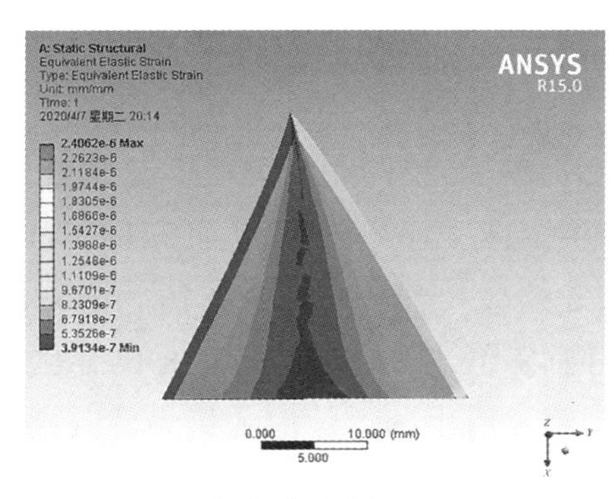

（c）仿生割刀 c

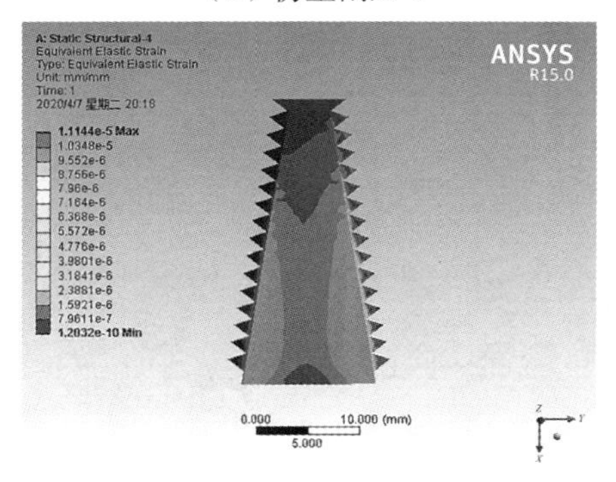

（d）仿生割刀 d

图 5–4　割刀的等效应变云图

图 5–5 为割刀 a、仿生割刀 b、仿生割刀 c 和仿生割刀 d 的总变形量云图。割刀的形变主要发生在割刀的尖端，从上至下的变形量逐渐减小。四种割刀的最大形变量分别为 6.91×10^{-4} mm，5.04×10^{-5} mm，8.90×10^{-5} mm，2.96×10^{-4} mm。相比割刀 a 的变形量，仿生割刀 b、仿生割刀 c 和仿生割刀 d 分别减少了 92.71%，87.12%，57.16%。所以，基于相同载荷，仿生割刀 b、仿生割刀 c 和仿生割刀 d 产生的形变小于割刀 a 产生的形变。结果表明，割刀 a 比仿生割刀易发生形变。

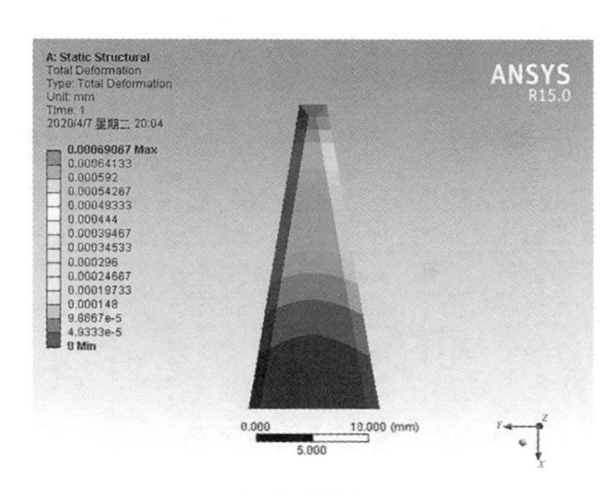

（a）割刀 a

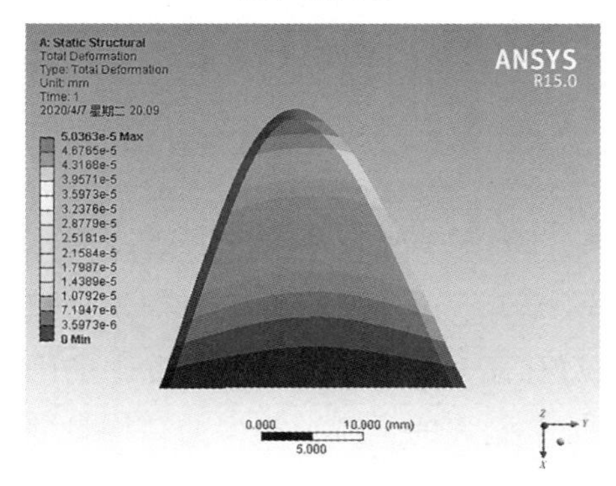

（b）仿生割刀 b

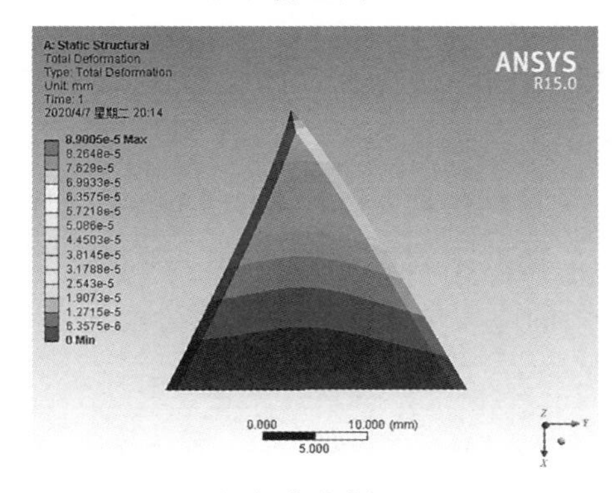

（c）仿生割刀 c

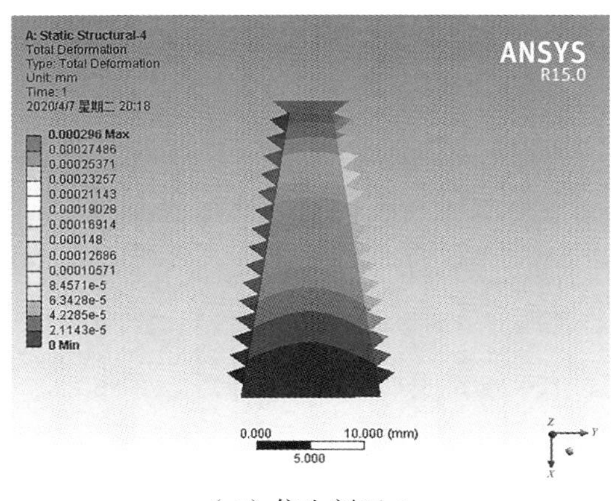

（d）仿生割刀 d

图 5–5　割刀的总变形量云图

5.1.3　基于有限元的仿生割刀结构参数分析

割刀承受的应力、应变及形变量对切割过程中割刀的稳定性、磨损量等都有很大影响。影响割刀受力的因素有很多，如茎秆的力学特性、割刀的类型、割刀的结构参数、运动参数等方面。因此，本节从割刀厚度着手，探讨对割刀应力场和形变的影响。

在切割条件相同的情况下，计算得到割刀厚度改变时割刀的等效应力云图，进而得出相应的应力场和形变规律和特征。图 5–6 为仿生割刀 b 在割刀厚度为 2.5 mm 时的等效应力云图。由图 5–6 可知，随着割刀厚度的增加，割刀应力场的分布状态基本相同，较大的应力位于割刀边缘与齿根交界处。

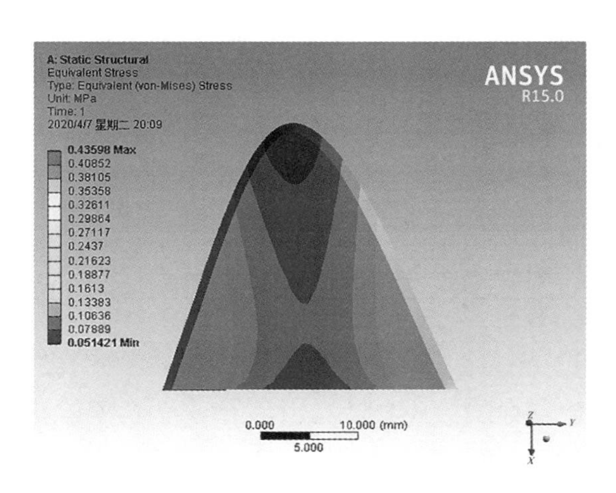

图 5-6　仿生割刀 b 的等效应力云图（割刀厚度为 2.5 mm）

在载荷为 3 N 时，通过有限元计算，得到割刀的应力场和变形量随着割刀厚度的改变而变化的规律，如图 5-7 所示。结果表明：

（1）随着割刀厚度的增大，割刀的最大等效应力呈现先减小后增大的变化趋势。在不同割刀厚度下，仿生割刀 b 和仿生割刀 c 产生的最大等效应力相似且小于割刀 a 和仿生割刀 d 产生的最大等效应力。

（2）随着割刀厚度的增大，割刀的总变形量逐渐减小。割刀 a 的变化趋势较为明显，仿生割刀 b、仿生割刀 c 和仿生割刀 d 的变化较为平缓。

（3）割刀厚度在 1.5 ～ 2.0 mm 范围内，仿生割刀 b 和仿生割刀 c 产生的最大等效应力和总变形量随割刀厚度的变化不显著。

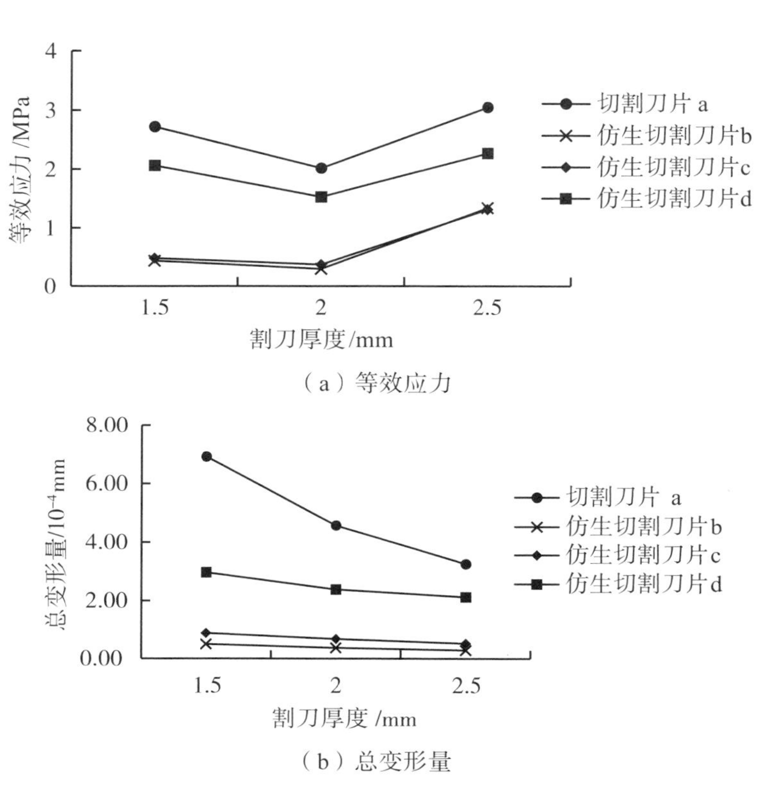

（a）等效应力

（b）总变形量

图 5-7　割刀等效应力和总变形量随割刀厚度的变化规律

综上所述，在仿生割刀中，仿生割刀 d 产生的最大等效应力值、最大等效应变值和总变形量均为最大。仿生割刀 b 和仿生割刀 c 产生的最大等效应力值、最大等效应变值和总变形量均小于割刀 a 和仿生割刀 d。割刀厚度在 1.5 ～ 2.0 mm 范围内，割刀厚度对仿生割刀 b 和仿生割刀 c 产生的最大等效应力与总变形量影响不显著。

5.2　仿生切割有限元模拟

5.2.1　茶茎秆仿真模型的建立

茶茎秆的切割过程是从割刀接触茎秆开始直到茎秆被破坏结束的过程。在切割过程中，茎秆表现出许多物理特性，如弹性和塑性的应力应变、切割阻力、切割功耗等。由第 2 章可知，茎秆的切割过程分为两个阶段。在割刀进入茎秆前，茎秆发生弯曲变形，为弹性变形；在割刀切入茎秆时，茎秆与割刀的接触部分从弹性变形转变为塑性变形；随着作用力的增加，茎秆表面逐渐被破坏，直至完成整个切割过程。茎秆的切割过程本质上是一个切断问题，在此期间，大变形必然会随着材料的失效而发生。因此，本节中茎秆的屈服准则设置为 Von Mises 屈服准则。

综合考虑茎秆切割的实际切割情况，在茎秆建模时依照以下原则简化茎秆的模型。

（1）不考虑茎秆的不规则形状，假设茎秆为等截面圆柱体，直径设为 2.44 mm。

（2）忽略茎秆内髓部的力学性能，建模时髓部为中空结构，直径设为 0.44 mm。

（3）不考虑茎秆间的相互作用，建模对象为单根茎秆。

（4）将茎秆的几何形状简化，茎秆长度设为 25.00 mm，此时不考虑节结处纤维细胞的强化现象。

（5）假设茎秆为均质材料。

（6）切割部位设置在距离茎秆顶部 5.00 mm 的位置。

茶茎秆的材料参数，如表 5–2 所示。在确定好茎秆实体几何模型的材料属性后，进行单元网格划分。ANSYS Workbench

软件中有很多划分单元和网格的方法，在本节计算分析中，采用 Smartsize 智能网格划分。由于茎秆为规则的结构形状，故采用 Volume-Free 方式划分网格，从而获得茎秆的网格图，如图 5-8 所示。

表 5-2　茶茎秆的材料参数

密度 /（$kg \cdot mm^{-3}$）	弹性模量 /MPa	泊松比	切割模量 /MPa
$0.6e \times 10^{-6}$	54.28	0.344	20.19

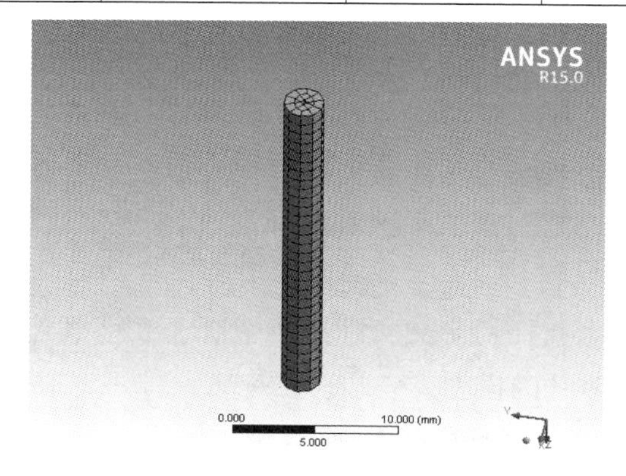

图 5-8　网格划分后的茶茎秆模型

5.2.2　茶茎秆切割模拟的前处理

（1）在 ANSYS Workbench 软件中导入割刀和茎秆的实体模型。

（2）选择或输入割刀和茎秆的材料属性。割刀的材料选为 Structural Steel，其性能指标，如表 5-1 所示，在软件中输入茎秆的材料参数，其性能指标，如表 5-2 所示。

（3）选择接触类型。由于茎秆切割问题属于侵彻问题，本研究的接触类型选择为面 - 面侵蚀接触，即 ESTS-Eroding 模

型 [127]。动态摩擦系数为 0.10，静态摩擦系数为 0.15。

（4）对割刀和茎秆的实体模型进化网格划分，设置网格精度。

（5）施加初始条件和边界约束。在茎秆的底面施加全自由度固定约束，限制运动。割刀的约束为固定旋转和 *X*，*Z* 方向平移自由度。即割刀仅可以在 *Y* 方向进行平移运动，速度设为 1.00 m/s。

（6）求解。设置合理的求解时间、输出文件格式、输出频率控制、设置输出步长，然后进行求解。

5.2.3　茶茎秆切割模拟与分析

本节将模拟割刀模型在工作条件下对茎秆模型的破坏情况，并获得切割过程中茎秆的等效应力云图、等效应变云图及破碎情况。通过在后处理器中进行求解分析，可以获得相应的最大等效应力、最大等效应变等。

1. 茶茎秆切割模拟

以割刀 a 为例，分析茶茎秆切割过程中茎秆的等效应力变化。图 5-9 为茎秆的最大等效应力云图。由图 5-9 可知，茎秆的等效应力主要集中在被切割部位，直至割断。同时，在茎秆的下部也出现了等效应力的变化，这是由于茎秆底端的约束作用。虽然茎秆的长度设置较短，导致茎秆下部受到的等效应力较大，但仍能说明当茎秆受到切割作用时，茎秆下部会有力的变化且产生形变。

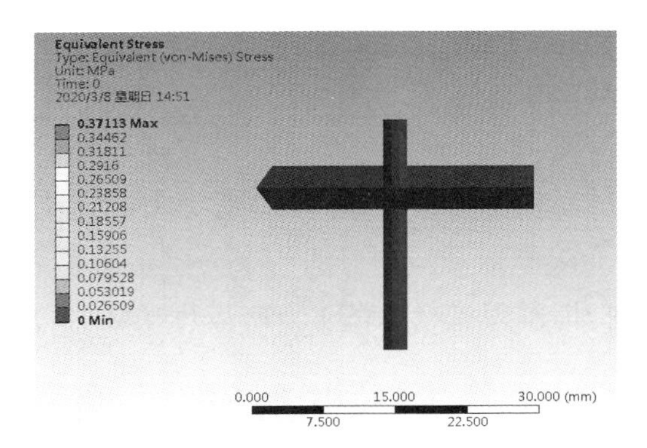

（a）待切割时刻

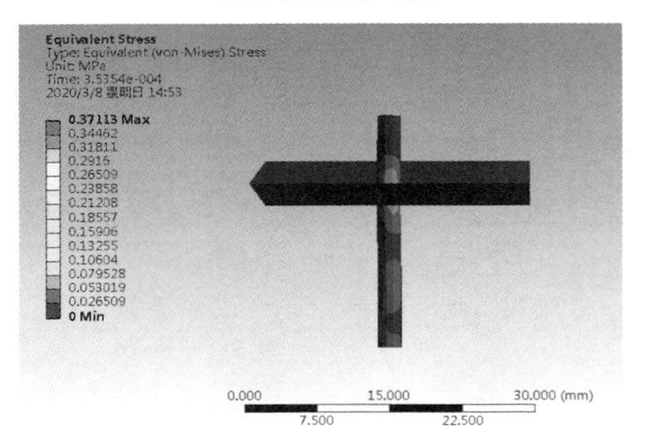

（b）初始切割时刻

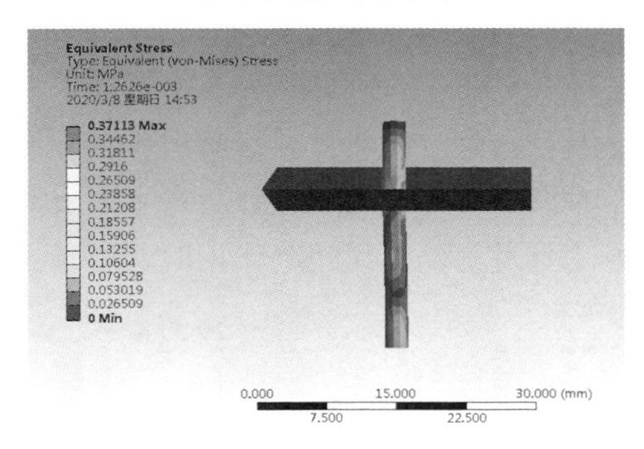

（c）最大应力时刻

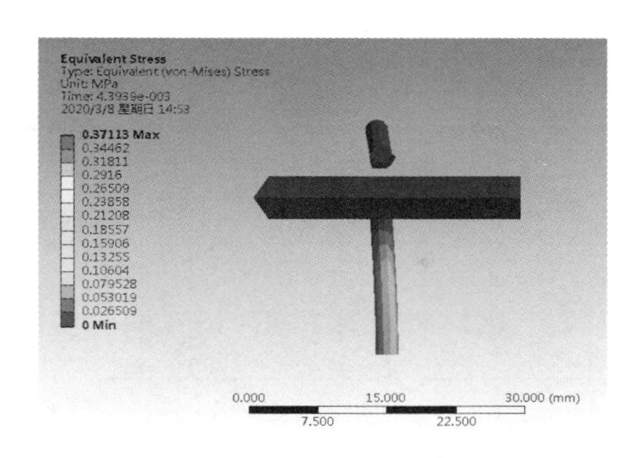

（d）终止切割时刻

图 5-9　茶茎秆切割的等效应力云图

2. 切割过程中茶茎秆的最大等效应力

图 5-10 描述了切割时茎秆受到的最大等效应力。在切割茎秆时，由于一端固定，茎秆会产生较大形变，等效应力集中发生在茎秆上。产生的等效应力未达到割刀应力极限，因此割刀上发生应力集中。当茎秆受到的等效应力越大时，说明在相同条件下割刀提供的切割力越大。由图 5-10 可知，当割刀 a、仿生割刀 b、仿生割刀 c 和仿生割刀 d 进行切割作业时，茎秆受到的最大等效应力值分别为 0.371 MPa，0.459 MPa、0.620 MPa、0.457 MPa。在四种割刀的仿真模拟中，茎秆材料受到的最大等效应力值相差不大，其中割刀 a 在切割茎秆时产生的最大等效应力值最低。换言之，在其他条件都相同的情况下，仿生割刀 c 产生的切割力最大，其次为仿生割刀 b，再次为仿生割刀 d，最后为割刀 a。

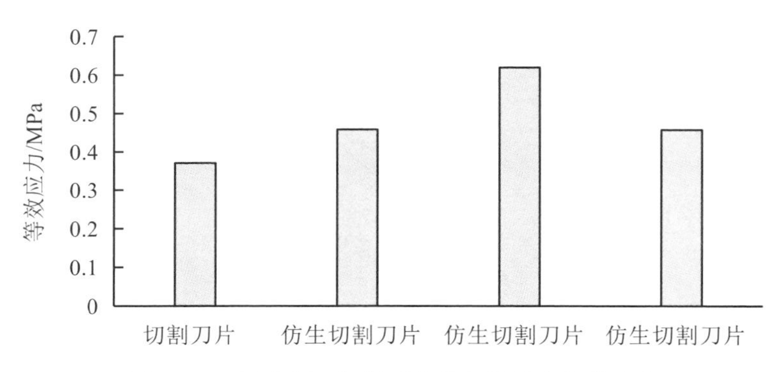

图 5-10　四种割刀切割时茶茎秆的最大等效应力

3. 切割过程中茶茎秆的最大等效应变

图 5-11 为切割茶茎秆时的最大等效应变云图，通过对等效应变云图分析可知茶茎秆的最大等效应变及破碎情况。随着切割时间的增加，割刀逐渐切入茎秆，使茎秆内部结构发生形变，而当内部结构产生的应变值超过预定的破坏应变值时，结构发生破坏并失效。茎秆上的应变逐渐增大后逐渐下降，最大应变发生在切割部位。由图 5-11 可知，当割刀 a、仿生割刀 b、仿生割刀 c 和仿生割刀 d 进行切割作业时，茶茎秆受到的最大等效应变值分别为 1.171 mm，0.758 mm、0.890 mm、1.041 mm。在四种割刀的仿真模拟中，茎秆材料受到的最大等效应变值相差不大，其中仿生割刀 b 在切割茎秆时产生的最大等效应变值最小。换言之，在其他条件都相同的情况下，割刀 a 切割的茎秆塑性变形最严重，其次为仿生割刀 d，再次为仿生割刀 c，最后为仿生割刀 b。在切割时，茎秆的形变会影响切割质量。因此，仿生割刀 b 和仿生割刀 c 比割刀 a 和仿生割刀 d 更适合切割茎秆。

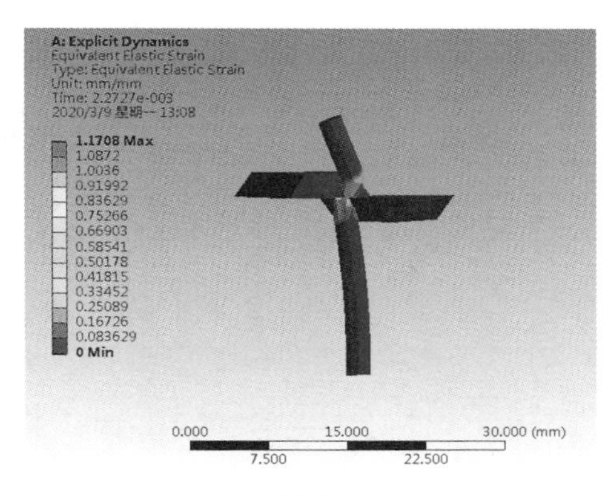

（a）割刀 a

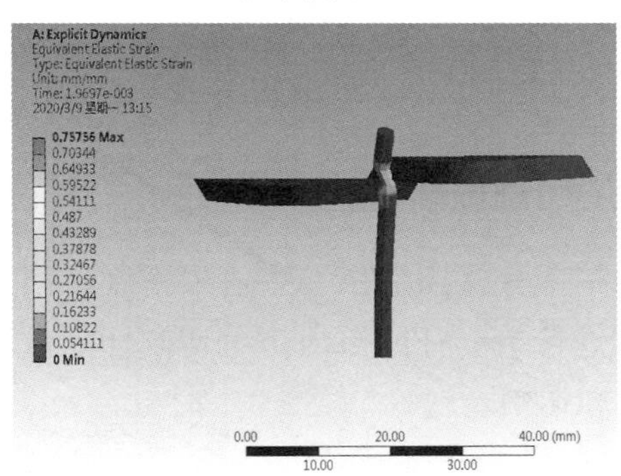

（b）仿生割刀 b

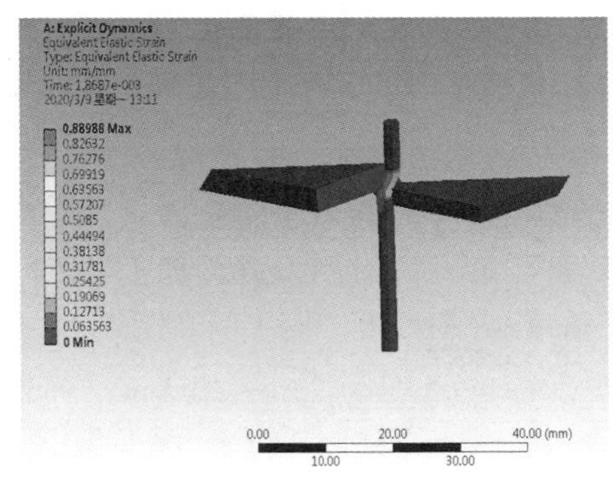

（c）仿生割刀 c

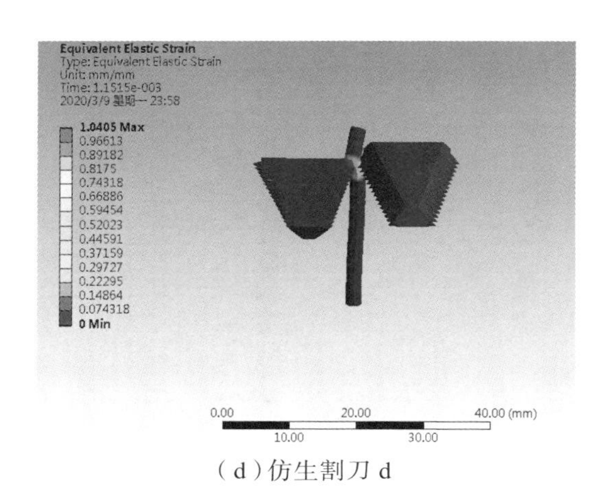

（d）仿生割刀 d

图 5-11　茶茎秆切割的等效应变云图

5.3　仿生切割性能试验

为了减少茶茎秆碰撞作用、茶冠层密度、割刀安装工艺等的影响，本节进行茶茎秆的室内仿生切割性能试验，分析不同割刀的切割力和切割功耗。

5.3.1　试验材料

试验样品为 10 a 生中茶 108 的第三节茎秆，取自江苏省丹阳市迈春茶场，北纬 32°02′，东经 119°67′。采摘时间为 2019 年 6 月，平均含水率为 73.8%。

由于仿生割刀 d 的结构较为复杂，为了准确表达仿生元素，本节中采用 3D 打印的方法对割刀进行加工。3D 打印的模型具有表面光滑、精度高等特性。加工材料选取未来 8 000 树脂，邵氏硬度为 79，冲击强度为 23 ～ 29 J/m，弹性模量范围为 2 370 ～ 2 650 MPa，与丙烯腈 – 丁二烯 – 苯乙烯（ABS）具有相似的机械性能。加工后的割刀表面平滑无裂纹，且齿尖锋利。以无仿生元素的割刀和三种仿生割刀为研究对象，3D 打印的割刀，如图 5-12 所示。

（a）割刀 a　（b）仿生割刀 b　（c）仿生割刀 c　（d）仿生割刀 d

图 5-12　3D 打印的割刀

5.3.2　试验方法

使用 TA-XT2i 型质构仪对四种割刀进行切割性能试验。质构仪可用于测量材料的抗切割能力、抗压能力和抗拉伸性能等。当割刀向下运动切割茶茎秆时，控制系统会自动记录割刀的切割阻力与位移、切割阻力与时间、位移与时间等曲线。由于茶茎秆是粘弹性材料，加载速度会影响材料的力学性能。因此，在本试验中，选择 5 mm/s，10 mm/s，15 mm/s 三种加载速度进行切割性能试验，用于分析不同割刀类型对茶茎秆切割的影响。

5.3.3　试验结果与分析

1. 切割力分析

切割力是反映切割效率的关键因素。在不同加载速度下，不同割刀类型的最大切割力，如表 5-3 所示，平均切割力如图 5-13 所示。

表 5–3　切割茎秆的最大切割力

加载速度/（mm·s^{-1}）	编　号	最大切割力/N			
		割刀a	仿生割刀b	仿生割刀c	仿生割刀d
5	1	10.578	9.640	9.353	8.446
	2	8.004	9.047	8.749	6.589
	3	8.008	9.280	8.609	7.783
	4	8.500	9.020	9.020	11.365
	5	10.338	8.249	9.206	11.791
	平均值	9.086	9.047	8.987	9.195
	标准差	1.272	0.511	0.309	2.280
10	1	9.834	9.884	9.857	11.659
	2	8.039	7.369	9.729	12.225
	3	11.574	9.311	8.997	10.516
	4	8.334	9.008	7.594	12.245
	5	8.811	10.392	8.958	8.051
	平均值	9.318	9.193	9.027	10.939
	标准差	1.433	1.150	0.900	1.760
15	1	7.756	9.582	7.896	12.497
	2	10.694	7.407	8.004	11.330
	3	9.458	7.853	8.683	14.726
	4	8.566	7.524	9.132	14.477
	5	8.632	8.489	8.667	14.954
	平均值	9.021	8.171	8.476	13.597
	标准差	1.112	0.894	0.517	1.600

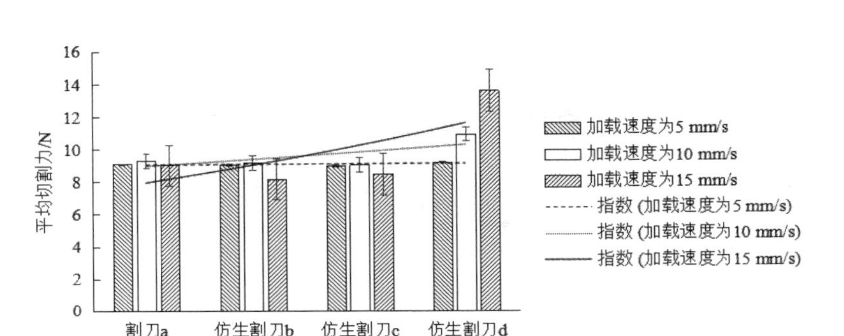

图 5–13　平均切割力

当加载速度为 5 mm/s 时，割刀 a、仿生割刀 b、仿生割刀 c、仿生割刀 d 的平均切割力分别为 9.086 N、9.047 N、8.987 N、9.195 N（如表 5–3 和图 5–13 所示）。相对于割刀 a 的平均切割力，仿生割刀 d 增大了 1.20%，而仿生割刀 b 和仿生割刀 c 分别减小了 0.43% 和 1.09%。当加载速度为 10 mm/s 时，相对于割刀 a 的平均切割力（9.318 N），仿生割刀 b（9.193 N）和仿生割刀 c（9.027 N）分别降低了 1.34% 和 3.12%，仿生割刀 d（10.939 N）提高了 17.40%。当加载速度为 15 mm/s 时，割刀 a、仿生割刀 b、仿生割刀 c 和仿生割刀 d 的平均切割力分别为 9.021 N、8.171 N、8.476 N、13.597 N。与割刀 a 相比，仿生割刀 b 和仿生割刀 c 的平均切割力分别减少了 9.42% 和 6.04%，而仿生割刀 d 增加了 50.73%。由图 5–13 可知，随着加载速度的增加，割刀 a、仿生割刀 b 和仿生割刀 c 的平均切割力的变化不大，仿生割刀 d 的平均切割力逐渐增大。由于割刀形状不同，最大切割力和平均切割力都有明显差异。仿生割刀 c 的最大切割力略低于割刀 a 和仿生割刀 b，而仿生割刀 d 的最大切割力明显高于其他割刀。

2. 切割功耗分析

通过割刀匀速切割茎秆可以得到力 - 位移曲线。通过切割力曲线与位移轴间的面积即可计算出切割所需功耗。切割功耗是反映切割质量的重要因素。在不同加载速度下，不同割刀类型的切割功耗，如表 5-4 所示，平均功耗，如图 5-14 所示。

表 5-4　切割茎秆的切割功耗

加载速度/（mm · s^{-1}）	编号	切割功耗/J			
		无仿生割刀a	仿生割刀b	仿生割刀c	仿生割刀d
5	1	1.717	1.059	1.122	1.638
	2	1.123	1.216	0.996	1.122
	3	1.025	1.068	1.087	1.345
	4	0.745	1.284	1.318	1.642
	5	1.219	1.272	1.266	1.756
	平均值	1.166	1.180	1.158	1.501
	标准差	0.355	0.109	0.132	0.261
10	1	0.920	1.023	0.929	1.491
	2	1.149	1.358	1.154	1.933
	3	1.058	1.255	1.207	2.445
	4	1.298	1.185	1.318	2.649
	5	1.354	1.256	1.148	1.442
	平均值	1.156	1.215	1.151	1.992
	标准差	0.177	0.124	0.142	0.546

续　表

加载速度/（mm · s^{-1}）	编号	切割功耗/J			
		无仿生割刀a	仿生割刀b	仿生割刀c	仿生割刀d
15	1	1.205	1.373	0.958	2.281
	2	1.499	1.019	1.163	2.936
	3	1.356	1.009	1.277	2.843
	4	1.183	1.035	1.173	2.293
	5	0.882	0.843	1.293	2.481
	平均值	1.225	1.056	1.173	2.567
	标准差	0.230	0.194	0.134	0.307

当加载速度为 5 mm/s 时，割刀 a、仿生割刀 b、仿生割刀 c、仿生割刀 d 的平均切割功耗分别为 1.166 J、1.180 J、1.158 J、1.501 J（如表 5-4 和图 5-14 所示）。相对于割刀 a 的平均切割功耗，仿生割刀 b 和仿生割刀 d 分别提高了 1.20% 和 28.73%，而仿生割刀 c 降低了 0.69%。当加载速度为 10 mm/s 时，仿生割刀 c 的平均切割功耗最小（1.151 J），其次为割刀 a（1.156 J），再次为仿生割刀 b（1.215 J），最后为仿生割刀 d（1.992 J）。当加载速度为 15 mm/s 时，相对于割刀 a 的平均切割功耗（1.225 J），仿生割刀 b（1.056 J）和仿生割刀 c（1.173 J）分别降低了 13.80% 和 4.24%，仿生割刀 d（2.567 J）提高了 109.55%。由于割刀类型不同，最大切割功耗和平均切割功耗都有明显差异。仿生割刀 c 的平均切割功耗略低于割刀 a 和仿生割刀 b，而仿生割刀 d 的平均切割功耗明显高于其他割刀。

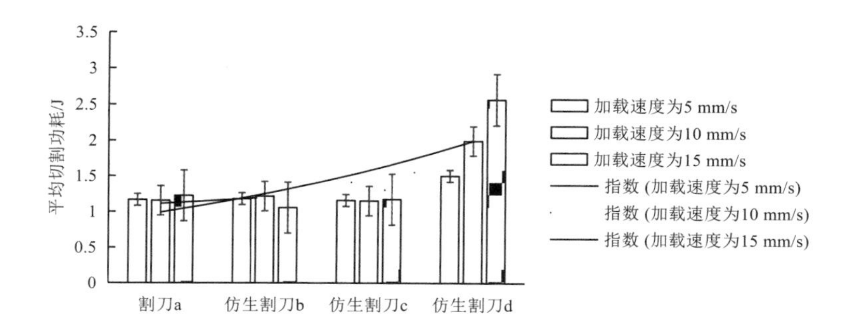

图 5-14　不同加载速度下平均切割功耗

综上所述，在不同加载速度（5 mm/s、10 mm/s、15 mm/s）下，仿生割刀 b 和仿生割刀 c 的切割力和切割功耗均小于割刀 a 和仿生割刀 d 的切割力和切割功耗，而仿生割刀 d 的平均切割力和切割功耗明显高于其他割刀。因此，仿生割刀 b 和仿生割刀 c 比割刀 a 和仿生割刀 d 更适合切割茎秆。

5.4　本章小结

（1）运用有限元分析软件建立茶茎秆和四种割刀（割刀 a、仿生割刀 b、仿生割刀 c 和仿生割刀 d）的三维仿真模型，用于比较不同割刀的切割性能。基于割刀的结构有限元分析可知：在仿生割刀中，仿生割刀 d 的最大等效应力值、最大等效应变值和总变形量均为最大；仿生割刀 b 和仿生割刀 c 的最大等效应力值、最大等效应变值和总变形量均小于割刀 a 和仿生割刀 d；割刀厚度在 1.5 ～ 2.0 mm 范围内，割刀厚度对仿生割刀 b 和仿生割刀 c 产生的最大等效应力与总变形量的影响不显著。基于割刀的有限元模拟分析可知：在仿生割刀中，仿生割刀 d 切割时茎秆产生的等效应力最小，同时使茎秆的变形最大；仿生割刀 b 和仿生割刀 c 切割时茎秆产生的等效应力较大，分

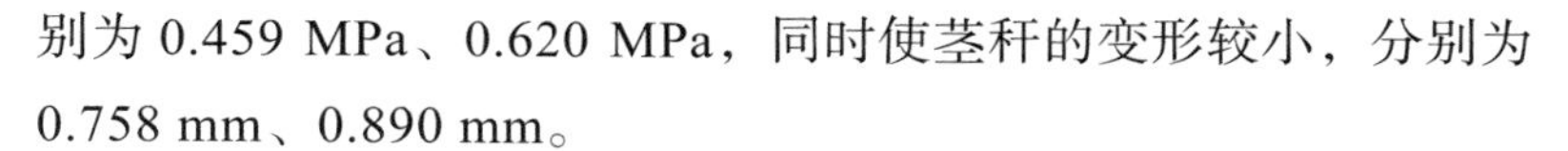

别为 0.459 MPa、0.620 MPa，同时使茎秆的变形较小，分别为 0.758 mm、0.890 mm。

（2）使用 3D 打印技术加工四种割刀，利用质构仪测试割刀的切割性能，结果表明：在不同加载速度（5 mm/s、10 mm/s、15 mm/s）下，仿生割刀 d 的平均切割力和切割功耗明显高于其他割刀，割刀 a 和仿生割刀 b 的平均切割力和切割功耗相似，仿生割刀 c 的平均切割力和切割功耗略小于其他三种割刀。当加载速度为 10 mm/s 时，割刀 a、仿生割刀 b、仿生割刀 c 和仿生割刀 d 的平均切割力分别为 9.318 N、9.193 N、9.027 N、10.939 N；相对于割刀 a 的平均切割力，仿生割刀 b 和仿生割刀 c 分别降低了 1.34% 和 3.12%，仿生割刀 d 提高了 17.40%；仿生割刀 d 的平均切割功耗最大（1.992 J），其次为仿生割刀 b（1.215 J），再次为割刀 a（1.156 J），最后为仿生割刀 c（1.151 J）。经有限元模拟分析和试验研究的综合考虑，仿生割刀 b 和仿生割刀 c 比仿生割刀 d 更适合切割茶茎秆。

（3）基于有限元模拟分析，可知割刀作业时茎秆受到的最大等效应力值和最大等效应变值。基于切割性能试验结果分析，可知割刀作业过程中最大切割力和切割功耗。虽然两个试验结果的物理量不同，但其代表的规律基本相同。虽然模拟结果与常规情况下的破坏情况有一定差异，但有限元的模拟分析仍具有一定的理论指导意义。

第 6 章　仿生切割田间性能试验

尽管质构仪可用于测试割刀工作过程中的切割性能，但仅限于低速条件，和采茶机械的作业条件有较大的差别，而仿真试验又无法代替真实试验，因此需要进行田间试验来考察仿生割刀的切割性能。仿生割刀的设计需要满足农艺要求，为后续茶叶采摘做好准备。本章开展了几种仿生割刀的田间采茶试验，考察采摘的芽叶完整率和漏割率，比较不同割刀在采摘作业时的切割性能。

6.1　试验材料

当操作人员持采茶机械作业时，机器的前进速度和采摘高度不易控制。因此，可设计一种高度和速度均可调的试验台架（图 6-1），台架总长为 3.0 m，宽度为 0.6 m。采茶机械与试验台架固定，随着输送带前进，同时切割茶茎秆。试验台架包括台架、采茶机械、DY-IS 步进电机控制器、DM542 步进电机驱动、57 步进电机、直流电机无级变速调节器、同步带导轨滑台等。

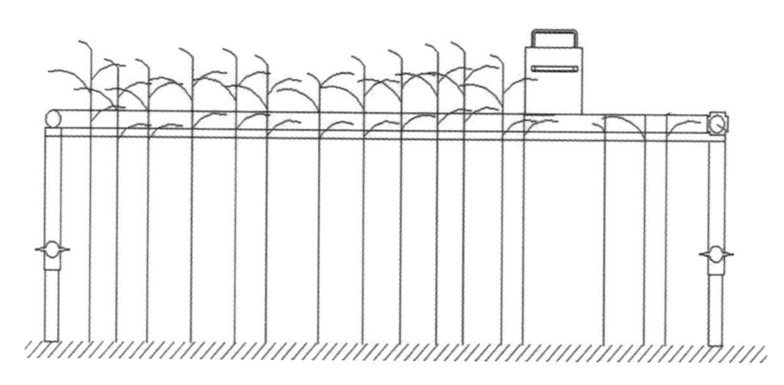

图 6-1　试验台架示意图

试验地点为江苏省丹阳市迈春茶场（北纬 32°01′26.1″，东经 119°40′45.3″，海拔 18 m），属于长江中下游丘陵地区。茶行走向为南北向，行间距约为 1.5 m，冠层宽度约为 1.0 m，分枝较多且密。试验时间为 2020 年 3 月，茶叶采摘长度为 3.0 m，试验台架照片，如图 6-2 所示。

图 6-2　试验台架及现场

试验割刀的确定：由第 5 章内容可知，仿生割刀 d 的切割力和切割功耗较大，且仿生割刀模型 d 在切割茎秆时产生的切割力最小，同时使茎秆的变形最大，因此在本研究中未选取仿生割刀 d 进行田间试验。经过模拟仿真、试验研究和刀片加工工艺的综合考虑，选择无仿生元素的割刀 a、基于五次多项式仿蟋蟀切齿叶结构的仿生割刀 b 和三角型仿蟋蟀切齿叶结构的仿生割刀 c 为试验对象进行田间采茶试验。由本书第 4 章和第 5 章内容可知，切割参数为齿高 29 mm，齿距 45 mm，割刀厚度 1.5 mm。此外，割刀长度为 438 mm，高度为 45 mm，如图 6-3 所示。

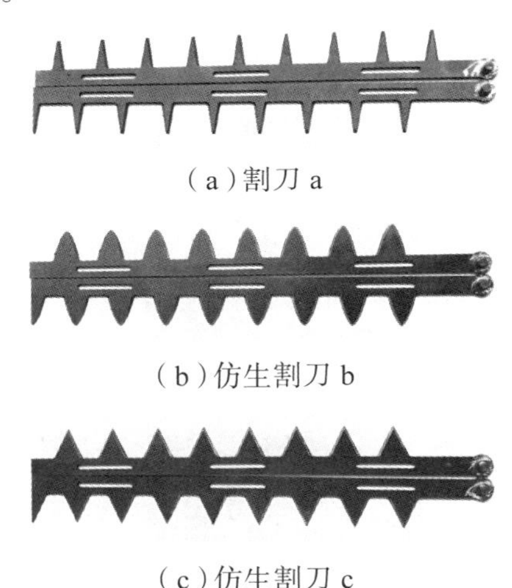

（a）割刀 a

（b）仿生割刀 b

（c）仿生割刀 c

图 6-3　三种割刀

切割速度的确定：由本书第 5 章内容可知，采茶机械的最佳刀机速比为 0.8。刀机速比是机器的前进速度与采茶机械切割速度的比值。基于成人步长和实际作业需求，取机器的前进速度分别为 1.0 m/s，0.8 m/s，0.6 m/s，对应的采茶机械切割速度分别为 0.80 m/s，0.64 m/s，0.48 m/s。

6.2　试验方法

6.2.1　茶茎秆单因素切割性能试验

切割质量（芽叶完整率和漏割率）是采茶机械的重要指标之一，而茶树品种和割刀类型对切割质量有非常重要的影响。因此，本节对茶树品种和割刀类型进行单因素试验，通过分析切割后的芽叶完整率和漏割率验证所设计的仿生割刀对茶茎秆的适用性。其中，芽叶完整率为切割范围内完整芽叶重量与所得芽叶总重量之比，即

$$m=\frac{m_w}{m_t}\times 100\% \tag{6-1}$$

式中：m 为切割范围内芽叶完整率，%；m_w 为切割范围内完整芽叶重量，g；m_t 为切割范围内所得芽叶总重量，g。

芽叶漏割率为切割范围内未切割芽叶个数与芽叶总个数之比，即

$$n=\frac{n_l}{n_t}\times 100\% \tag{6-2}$$

式中：n 为切割范围内芽叶漏割率，%；n_l 为切割范围内漏割芽叶个数，个；n_t 为切割范围内芽叶总个数，个。

（1）试验一：不同茶树品种的切割试验。采用仿生割刀 c 对不同茶树品种进行切割试验，茶树品种包括茂绿、中茶 108 和福鼎大白，切割倾角为 0°。机器的前进速度和切割速度分别为 0.80 m/s 和 0.64 m/s。

（2）试验二：不同割刀类型的切割试验。采用不同的割刀对茂绿进行切割试验。割刀类型包括割刀 a、仿生割刀 b 和仿

生割刀 c，切割倾角为 0°。机器的前进速度和切割速度分别为 0.80 m/s 和 0.64 m/s。

6.2.2 茶茎秆切割性能的正交试验

影响茶茎秆切割质量的因素有很多，包括茎秆特性、茶树品种、割刀结构参数、割刀运动参数、割刀类型等。在本书第 5 章中，通过研究割刀结构和运动参数对切割质量的影响，得到最佳刀机速比为 0.8。对比分析了几种割刀类型对切割力和切割功耗的影响，确定了割刀 a、仿生割刀 b 和仿生割刀 c 为本试验的割刀。上节已对茶树品种和割刀类型对切割质量的单因素影响进行了分析。因此，在本试验中选取机器的前进速度、采茶机械的切割速度、割刀类型和切割倾角为主要影响因素，以切割后芽叶完整率和漏割率为指标，进行茶茎秆切割性能的正交试验。通过正交试验、方差分析和直观分析研究影响因素的最佳组合，以实现高质量、高效率切割。

最佳刀机速比确定后，则把机器的前进速度和采茶机械的切割速度作为一个影响因素去分析。选择刀机速比（A）、切割倾角（B）和割刀类型（C）为试验因素，芽叶完整率（m）和漏割率（n）为试验指标进行切割性能的正交试验。试验中，每个试验因素均有三个水平值，从而选择三因素三水平正交表为 $L_9(3^4)$，如表 6-1 所示。该方案将进行 9 种组合试验，对切割过程中芽叶完整率和漏割率结果进行统计学处理，进而找到影响最显著的试验因素和各影响因素水平的较优组合方案。

表 6-1　正交试验因素水平

水　平	因素			
	刀机速比*A*		切割倾角*B*/(°)	割刀类型*C*
	切割速度/（$m \cdot s^{-1}$）	前进速度/（$m \cdot s^{-1}$）		
1	0.48	0.60	−3	割刀 a
2	0.64	0.80	0	仿生割刀 b
3	0.80	1.00	3	仿生割刀 c

注：切割倾角 0° 为与地平面平行；切割倾角 3° 为与地平面的夹角，方向向上；切割倾角 −3° 为与地平面的夹角，方向向下。

6.3　单因素切割性能试验结果与分析

6.3.1　不同茶树品种的切割性能分析

图 6-4（a）和（b）分别为不同茶树品种的仿生切割与芽叶完整率和漏割率的关系。图 6-5 为采摘后完整芽叶和破碎芽叶的对比。由图 6-4 可以看出，在相同的切割条件下，茂绿的切割芽叶完整率最高，其次为中茶 108，最后是福鼎大白；茂绿的切割芽叶漏割率最低，其次为福鼎大白，最后为中茶 108。福鼎大白和中茶 108 的切割芽叶漏割率相似，约为茂绿切割芽叶漏割率的 2 倍。不同茶树品种的切割质量之所以不同，茶树冠层的新梢密度和长度不同。

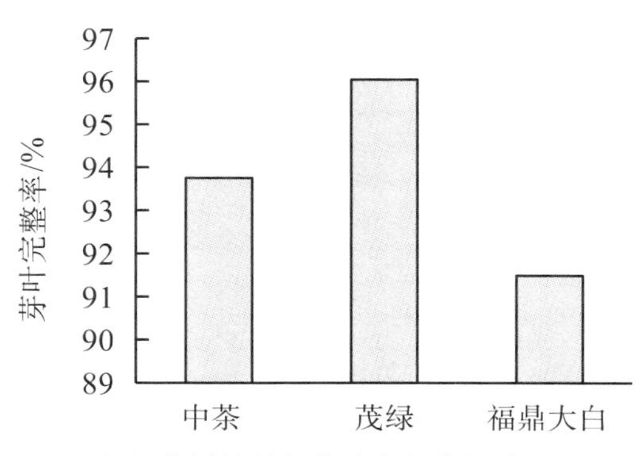

（a）茶树品种与芽叶完整率的关系

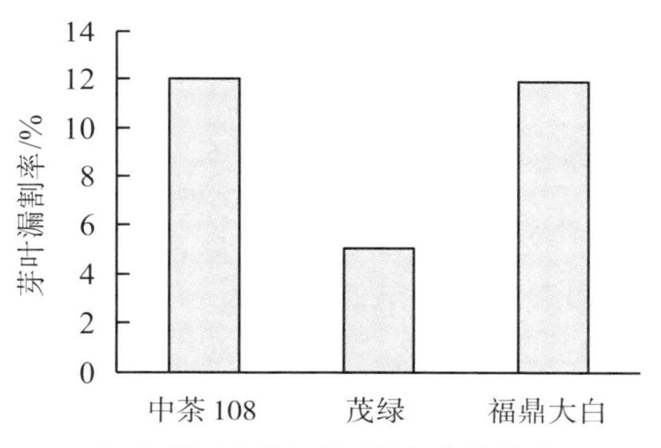

（b）茶树品种与芽叶漏割率的关系

图 6–4　不同茶树品种的仿生切割

（a）完整芽叶

（b）破碎芽叶

图 6–5　采摘后的茶鲜叶

6.3.2　不同割刀类型的切割性能分析

图 6–6（a）和（b）分别为不同割刀类型的仿生切割与芽叶完整率和漏割率的关系。由图 6–6 可以看出，在相同的切割条件下，割刀 a 的切割芽叶完整率（95.28%）最低且漏割率（6.00%）最高，仿生割刀 b 的切割芽叶完整率（96.38%）最高，而仿生割刀 c 的切割芽叶漏割率（5.04%）最低。切割芽叶完整率和漏割率产生差异的主要原因为割刀的结构参数不同。与普通割刀相比，仿生割刀的齿顶宽度和齿根宽度有所增加，齿高则不变。仿生割刀比普通割刀的切割芽叶完整率高、漏割率低。

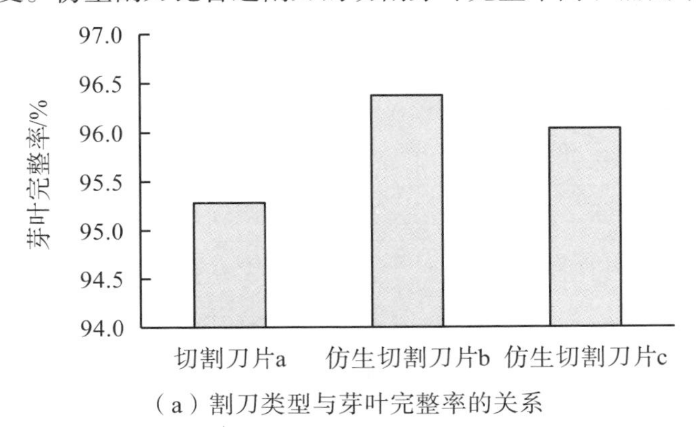

（a）割刀类型与芽叶完整率的关系

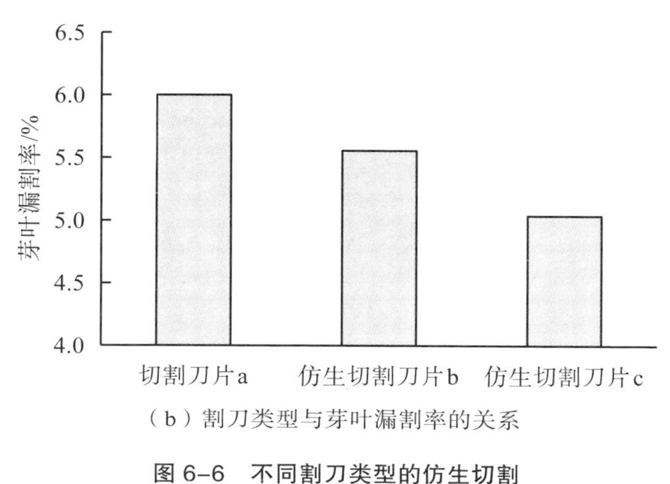

（b）割刀类型与芽叶漏割率的关系

图 6-6　不同割刀类型的仿生切割

6.4　切割性能多因素分析

茶茎秆切割性能的正交试验结果，如表 6-2 所示。对正交试验结果进行方差分析和直观分析，考察试验因素对试验指标的影响程度，得到较优的因素水平组合。

表 6-2　切割性能的正交试验结果

序号	刀机速比 *A*		切割倾角 *B*/（°）	割刀类型 *C*	芽叶完整率 *m*/%	芽叶漏割率 *n*/%
	切割速度/（$m \cdot s^{-1}$）	前进速度/（$m \cdot s^{-1}$）				
1	0.48	0.60	−3	割刀 a	90.94	5.18
2	0.48	0.60	0	仿生割刀 b	90.53	5.13
3	0.48	0.60	3	仿生割刀 c	81.60	5.61
4	0.64	0.80	−3	仿生割刀 b	93.13	3.57
5	0.64	0.80	0	仿生割刀 c	96.04	5.04

续　表

序号	刀机速比A		切割倾角B/ (°)	割刀类型C	芽叶完整率m/%	芽叶漏割率n/%
	切割速度 / ($m \cdot s^{-1}$)	前进速度 / ($m \cdot s^{-1}$)				
6	0.64	0.80	3	割刀 a	80.50	7.07
7	0.80	1.00	−3	仿生割刀 c	94.41	3.99
8	0.80	1.00	0	割刀 a	93.01	4.15
9	0.80	1.00	3	仿生割刀 b	87.64	4.58

6.4.1　基于正交试验结果的方差分析

为得到试验因素对指标的影响程度，对正交试验结果进行方差分析，结果如表 6–3 和表 6–4 所示。在方差分析中，F 值的大小表示试验因素对指标影响的显著性[124]。由表 6–3 可知，试验因素对芽叶完整率影响的显著顺序依次为切割倾角、刀机速比和割刀类型。由表 6–4 可知，试验因素对芽叶漏割率影响的显著顺序依次为切割倾角、刀机速比和割刀类型。

表 6–3　芽叶完整率的方差分析结果

因　素	自由度	偏差平方和	F
A	2	20.11	1.56
B	2	177.94	13.79*
C	2	13.27	1.03
误差	2	12.91	
合计	8	224.23	

注：* 表示为在 0.1 水平上显著。

表 6-4　芽叶漏割率的方差分析结果

因　素	自由度	偏差平方和	F
A	2	2.13	1.57
B	2	3.52	2.61
C	2	1.63	1.21
误差	2	1.35	
合计	8	8.62	

6.4.2　基于正交试验结果的直观分析

芽叶完整率和漏割率的直观分析结果，如表 6-5 和表 6-6 所示。极差分析可确定试验因素对芽叶完整率和漏割率的影响次序。对芽叶完整率和漏割率的影响顺序由大到小均为 $B>A>C$，即切割倾角、刀机速比和割刀类型，这与方差分析的结论相同。

表 6-5　芽叶完整率的直观分析结果

单位：%

指　标	A	B	C
均值1	87.689	92.827	87.816
均值2	89.558	92.524	90.433
均值3	91.351	83.247	90.348
极　差	3.662	9.580	2.284
因素主次	$B>A>C$		
较优组合	$A_3B_1C_2$		

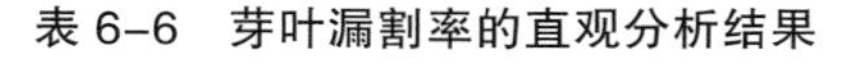

表 6-6　芽叶漏割率的直观分析结果

单位：%

指　标	A	B	C
均值1	5.307	4.247	5.466
均值2	5.227	4.771	4.428
均值3	4.238	5.755	4.879
极　差	1.069	1.508	1.039
因素主次	$B>A>C$		
较优组合	$A_3B_1C_2$		

通过直观分析法可以确定在试验因素范围内的较优因素水平组合。在确定较优因素水平组合时，试验指标芽叶完整率越高越好，芽叶漏割率越小越好。因此，在芽叶完整率的直观分析中选取使试验指标最大值对应的水平；在芽叶漏割率的直观分析中选取使试验指标最小值对应的水平，所以，在试验因素范围内的较优因素水平组合为 $A_3B_1C_2$，即切割速度为 0.8 m/s，前进速度为 1.0 m/s，切割倾角为 −3°，仿生割刀 b。

6.4.3　试验因素对试验指标影响的分析

由表 6-5 可知，芽叶完整率随着刀机速比的增大而提高，随着切割倾角的增大而降低，随着割刀类型的变化而变化。由表 6-6 可知，芽叶漏割率随着刀机速比的增大而降低，随着切割倾角的增大而提高，随着割刀类型的变化而变化。通过方差分析和直观分析可知，切割倾角对芽叶完整率和漏割率最为重要，然后是刀机速比，最后为割刀类型。

1. 切割倾角

由于茶茎秆具有较大韧性且具有一定的倾斜角度，切割倾角越大或过小均会使割刀从茎秆上滑过。由图 6-7 可以看出，当切割倾角为 3° 时，会出现割刀从茎秆表皮上滑过的现象。因此，切割倾角为 −3° 时的切割效果优于切割倾角为 3° 时的切割效果。

图 6-7 切割后的茎秆（切割倾角 3°）

2. 刀机速比

由于茶茎秆具有较大韧性，当往复切割的切割速度较小时，会造成茶茎秆倾斜而漏割。因此，切割速度越大越好。基于成人步长和实际作业需求，前进速度为 1.0 m/s，往复切割的切割速度为 0.8 m/s 时切割质量最佳。

3. 割刀类型

仿生割刀 b 和仿生割刀 c 的齿顶宽度和齿根宽度与割刀 a 完全不同。割刀结构参数不同会导致茶茎秆切割形变和切割效果不同，影响采茶质量。

综上所述，较优因素组合应选择切割速度为 0.8 m/s，前进

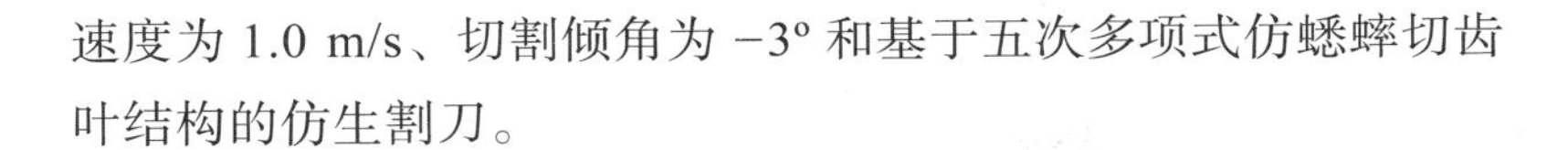

速度为 1.0 m/s、切割倾角为 -3° 和基于五次多项式仿蟋蟀切齿叶结构的仿生割刀。

6.5　本章小结

（1）茶树品种的切割试验结果表明，不同茶树品种的切割质量（芽叶完整率和漏割率）因茶树冠层的新梢密度和长度不同而不同，品种茂绿的切割芽叶完整率最高且切割芽叶漏割率最低。割刀类型的切割试验结果表明，在切割倾角为 0°、切割速度为 0.64 m/s 和前进速度为 0.80 m/s 的条件下，割刀 a 的切割芽叶完整率（95.28%）最低且漏割率（6.00%）最高，仿生割刀 b 的切割芽叶完整率（96.38%）最高，仿生割刀 c 的切割芽叶漏割率（5.04%）最低。仿生割刀比普通割刀的切割芽叶完整率高、漏割率低。

（2）以刀机速比、切割倾角和割刀类型为试验因素，以芽叶完整率和漏割率为试验指标进行切割性能正交试验。通过方差分析和直观分析可知，对芽叶完整率和漏割率影响的显著次序为切割倾角、刀机速比和割刀类型。由直观分析可以看出，芽叶完整率随着刀机速比的增大而提高，随着切割倾角的增大而降低，随着割刀类型的变化而变化；芽叶漏割率随着刀机速比的增大而降低，随着切割倾角的增大而提高，随着割刀类型的变化而变化。较优因素组合为切割速度 0.8 m/s、前进速度 1.0 m/s、切割倾角 -3° 和基于五次多项式仿蟋蟀切齿叶结构的仿生割刀。

第7章 结论

7.1 本书的主要工作总结

本研究以茶茎秆切割为研究对象，对茎秆的物理特性、力学特性、化学组分和切割特性进行试验研究及微观组织结构观察，建立茶茎秆切割特性参数模型并研究茶茎秆切割。为优化切割参数，要研究茎秆支撑方式、切割方式、割刀结构和运动参数对切割性能的影响规律。选取蟋蟀上颚的切齿叶为仿生原型，对其生物学特征和形态结构进行研究，设计了四种割刀。利用 ANSYS Workbench 软件进行仿生切割的有限元分析，并进行切割性能试验。在此基础上，通过田间试验对仿生割刀的切割性能进行验证及讨论。本书的主要研究工作及其结果如下。

（1）基于茶茎秆切割力曲线，对茶茎秆微观组织结构进行观察分析，结果表明：茶茎秆的木质部和皮层对茎秆切割力学特性有重要影响。对茶茎秆的物理特性、力学特性、化学组分和切割特性进行试验研究，结果表明：茶茎秆的纤维素含量、弯曲力、切割力、茎秆直径和惯性矩随着茎节数的增大而增加，含水率、半纤维素含量、木质素含量、断裂挠度和弹性模量随茎节数的增大呈不规则变化。以茶茎秆的物理、力学特性参数（茎节数、直径、节间距、含水率、断裂挠度、惯性矩、弹性模量）及化学组分（半纤维素含量、纤维素含量、木质素含量）为因素，以切割特性参数（弯曲力、切割力）为指标，通过灰色关联分析（GRA），结合多元线性回归（MLR）算法，建立茶茎秆的切割特性参数模型。基于灰色关联度，各因素对切割力的影响次序为惯性矩、直径、茎节数、断裂挠度、弹性模量模量、半纤维素含量、纤维素含量、木质素含量、茎节间距、含水率，对弯曲力的影响次序为茎节间距、纤维素含量、木质素含量、半纤维素含量、断裂挠度、茎节数、直径、惯性矩、弹性模量、含水率。当灰色关联度阈值为 0.6 时，基于 GRA+MLR 算法的弯曲力和切割力校正模型的 R_c^2 分别为 0.942 和 0.990，RMSEC 分别为 3.326 N 和 0.257 N。

（2）基于蟋蟀上颚良好的切割性能，提取其轮廓曲线，并将曲线分割为 5 段，采用多项式拟合；根据上颚轮廓曲线的二阶导函数、曲率和上颚切割的实际工作情况，选定蟋蟀上颚的切齿叶结构为割刀的仿生原型。基于切齿叶轮廓曲线，分别建立其五次多项式和直线回归方程。五次多项式的拟合度为 0.999，该式可以精确地描述切齿叶的轮廓曲线。上升和下降部分的直线回归方程的拟合度分别为 0.964 和 0.953，在精度要求不高时，直线回归方程可以用来近似地描述切齿叶的轮廓曲线。然后，利用扫描电子显微镜对蟋蟀上颚表面进行微观分析和能谱分析，结果表明：蟋蟀上颚的切齿叶边缘表面有明显的磨损现象；上颚端面表面有不规则凸点；切齿叶表面和上颚端面处的元素种类及含量均有所不同。

（3）分析茶茎秆支撑方式和切割方式对切割性能影响，确定了茶叶滑切采摘方式，研究了茶茎秆滑切机理，发现采用高速有支撑切割可明显减小切割阻力和功耗。利用 X 射线计算机断层扫描技术对茶茎秆的切槽形态、最大截面积和体积扫描分析，结果表明：切槽最大截面积、切槽体积与切割力、刃角和割深密切相关；当割刀的刃角分别为 30° 、35° 、40° 时，随着割深（0.7 mm，1.5 mm，2.3 mm）的增加，切槽最大截面积比分别从 4.89% 增加到 9.47%、从 8.51% 增加到 22.83%、从 4.30% 增加到 22.83%，切槽体积比分别从 1.59% 增加到 2.13%、从 2.98% 增加到 5.76%、从 3.04% 增加到 5.01%；当割刀的刃角为 35° 时，切槽最大截面积比和体积比均为最大。基于双动割刀往复式切割器的切割图，利用响应面法分析齿顶宽度、齿根宽度、齿高、齿距和刀机速比对一次切割率、重割率和漏割率的影响，优化切割参数。以一次切割率最大化、重割率和漏割率最小化为目标，对割刀结构和运动参数优化得到较优组合：齿顶宽度为 3.5 mm，齿根宽度为 13.0 mm，齿高为 29.0 mm，齿距为 45.0 mm，刀机速比为 0.8。此时，一次切割率为 92.60%，重割率为 6.62%，漏割率为 0.78%。基于蟋蟀上颚切齿叶的形态结构，结合采茶机械割刀外形结构，设计出四种割刀（基于五次多项式仿蟋蟀切齿叶结构的仿生割刀 b、三角型仿蟋蟀切齿叶结构的仿生割刀 c、锯齿型仿蟋蟀切齿叶结构的仿生割刀 d 和作为对比的无仿生元素的普通割刀 a）。

（4）运用有限元分析软件建立四种割刀和茶茎秆的三维仿真模型，比较不同割刀的切割性能。基于割刀的结构有限元分析可知：仿生割刀 d 的最大等效应力值、最大等效应变值和总变形量均为最大；割刀厚度在 1.5 ～ 2.0 mm 范围内，割刀厚度对仿生割刀 b 和仿生割刀 c 产生的最大等效应力和总变形量的影响不显著。基于割刀的有限元模拟分析可知，仿生割刀 b 和仿生割刀 c 在切割茎秆时产生的应力较大，分别为 0.459 MPa 和 0.620 MPa，同时使茎秆的变形较小，分别为 0.758 mm 和 0.890 mm。对 3D 打印的四种割刀切割性能进行试验，结果表明：当加载速度为 10 mm/s 时，割刀 a、仿生割刀 b、仿生割刀 c 和仿生割刀 d 的平均切割力分别为 9.318 N、9.193 N、9.027 N、10.939 N；相对于割刀 a 的平均切割力，仿生割刀 b 和仿生割刀 c 分别降低了 1.34% 和 3.12%，仿生割刀 d 提高了 17.40%；仿生割刀 d 的平均切割功耗最大（1.992 J），其次为仿生割刀 b（1.215 J），再次为割刀 a（1.156 J），最后为仿生割刀 c（1.151 J）。经有限元模拟分析和试验研究的综合考虑，仿生割刀 b 和仿生割刀 c 比仿生割刀 d 更适合切割茶茎秆。综合考虑有限元模拟分析和试验研究结果，仿生割刀 b 和仿生割刀 c 比仿生割刀 d 更适合切割茎秆。

（5）基于模拟仿真与试验研究，结合刀片加工工艺复杂程度，制备了无仿生元素的割刀 a、基于五次多项式仿蟋蟀切齿叶结构的仿生割刀 b 和三角型仿蟋蟀切齿叶结构的仿生割刀 c 三种割刀进行田间采茶试验。对茶树品种和割刀类型的单因素切割性能进行试验，结果表明：在切割倾角为 0°、切割速度为 0.64 m/s 和前进速度为 0.80 m/s 的条件下，与普通割刀 a 相比，仿生割刀 b 的切割芽叶完整率（96.38%）最高，仿生割刀 c 的切割芽叶漏割率（5.04%）最低；仿生割刀比普通割刀的切割芽叶完整率高、漏割率低。然后，以刀机速比、切割倾角和割刀类型为试验因素，芽叶完整率和漏割率为试验指标进行切割性能正交试验，通过方差分析和直观分析可知：对芽叶完整率和漏割率影响的显著顺序依次为切割倾角、刀机速比和割刀类型；较优因素组合是切割速度 0.8 m/s、前进速度 1.0 m/s、切割倾角 −3° 和基于五次多项式仿蟋蟀切齿叶结构的割刀。

7.2 本书的创新点

（1）进行茶茎秆的物理特性和化学组分的试验研究，补充了国内外学者对茶茎秆物理特性和化学组分研究的不足。然后，以茶茎秆的物理、力学特性参数（茎节数、直径、节间距、含水率、断裂挠度、惯性矩、弹性模量）及化学组分（半纤维素含量、纤维素含量、木质素含量）为因素，以切割特性参数（弯曲力、切割力）为指标，通过灰色关联分析，结合多元线性回归算法，建立茶茎秆的切割特性参数模型。该模型方法具有一定的创新性。

（2）以蟋蟀口器上颚的切齿叶为仿生对象，基于切齿叶轮廓曲线设计多个仿生割刀。与普通割刀相比，其能够降低切割力、功耗和提高切割质量，在仿生设计上具有一定的创新性。

7.3 未来研究工作展望

本书开展了茶茎秆仿生割刀设计与切割性能的试验研究，但是限于工作时间及本人能力，本研究尚存在很多不足之处有待完善。基于前期研究内容及体会，有以下几点值得进一步深入研究。

（1）由于茶树品种众多，其物理特性、化学组分和力学特性均有所不同。仅以中茶 108 的茶茎秆为研究对象，基于灰色关联分析并结合多元线性回归算法建立的茶茎秆切割特性参数（弯曲力和切割力）模型具有一定的代表性，但普适性有待进一步验证和完善。

（2）本书主要研究了蟋蟀上颚切齿叶的形态结构，并未对切齿叶的三维结构和材料力学性能做更多深入的探讨，也未对仿生切割机理进行深入研究。此外，上颚上还有耐磨的臼齿叶结构需要深入研究。为了延长割刀的使用寿命，可以考虑借鉴蟋蟀上颚的微观结构排列方式来设计一种新的耐磨材料。

（3）在茶茎秆的有限元切割仿真中，只对单根茎秆进行了切割分析，未考虑到多根茎秆在切割过程中的碰撞作用，且对茶茎秆内部微观结构的研究不够深入，因此模拟结果与实际情况存在一定差异。多根茎秆切割过程中的碰撞作用是下一步研究工作的重点和关键。

参考文献

[1] 李佳禾 . 2019 中国茶叶消费市场报告 [J]. 茶世界 , 2019（11）: 43−51.

[2] 雷雅婷 , 胡涵 , 王翠仙 , 等 . 世界茶叶贸易与发展趋势分析 [J]. 现代农业科技 , 2018（1）: 284−286，288.

[3] 李亮科 , 吕向东 . 世界茶叶市场发展及其对中国茶叶贸易的影响分析 [J]. 价格月刊 , 2017（9）: 91−94.

[4] 张悦 . 我省茶叶出口现状及政策建议 [J]. 政策瞭望 , 2014（10）: 36−38.

[5] 金戈 . 世界茶叶生产现状及展望 [J]. 中外企业家 , 1999（5）: 56−56.

[6] 霍丽玥 . 世界茶叶市场状况与我国茶叶出口竞争力分析 [J]. 国际贸易问题 , 2000（6）: 44−47.

[7] 梅宇 , 梁晓 . 2018 年中国茶叶产销形势分析报告 [J]. 茶世界 , 2019（2）: 10−15.

[8] 杜哲 , 胡永光 , 王升 . 便携式采茶机切割器运动仿真与试验 [J]. 农业机械学报 , 2018, 49（S1）: 221−226.

[9] 崔思真 . 关于当前茶叶采摘问题的分析 [J]. 中国茶叶 , 1990（2）: 37−38.

[10] 肖宏儒 , 秦广明 , 宋志禹 . 茶叶生产机械化发展战略研究 [J]. 中国茶叶 , 2011（7）: 8−11.

[11] 任彩红 . 江苏省绿茶生产机械化发展策略研究 [D]. 北京：中国农业科学院 , 2011.

[12] 缪叶旻子 , 郑生宏 . 丽水茶叶机采应用中存在的问题及对策探讨 [J]. 浙江农业科学 , 2014, 1（4）: 483−486.

[13] 石元值，吕闰强，阮建云，等 . 双人采茶机在名优绿茶机械化采摘中的应用效果 [J]. 中国茶叶 , 2010, 32（6）: 19−20.

[14] 邱鹏翔 , 陈椽 . 采茶机和修剪机的发展历史 [J]. 茶机话史 , 1993, 38（7）: 27−30.

[15] 殷鸿范 . 国内外采茶机研究概况及几个问题的探讨 [J]. 茶叶科学 , 1965（2）: 66−71.

[16] 林学和 . 实现采茶机械化是茶叶生产发展的必由之路 [J]. 福建茶叶 , 1989, 15（2）: 4−7.

[17] ERADA JUNICHI. Traveling type tea leaf plucking machine: JP2008301831[P]. 2008−12−18.

[18] AOKIHA JIME, AOKIFUJIO. Tea leaf−picking machine: JP2011193754[P]. 2011−10−06.

[19] TERADA JUNICHI. Raveling type tea −leaf plucking machine for sweeping dew: JP2010148519[P]. 2010−07−08.

[20] 倪律 . 国内外采茶机的研究 [J]. 粮油加工与食品机械 , 1979（1）: 17−22.

[21] 韩余 , 肖宏儒 , 秦广明 , 等 . 国内外采茶机械发展状况研究 [J]. 中国农机化学报 , 2014, 35（2）: 20−24.

[22] 权启爱 . 采茶机械的研制和我国采茶机械化事业的发展 [J]. 中国茶叶 , 2018, 40（8）: 14−17.
[23] 肖宏儒 , 秦广明 , 宋志禹 . 茶叶生产机械化发展战略研究 [J]. 中国茶叶 , 2011（7）: 8−11.
[24] 龙朝会 . 一种采茶机 , 中国 : CN202444808 U[P].2012−09−26.
[25] 肖宏儒 , 秦广明 , 宋志禹 , 等 . 跨行自走乘坐式采茶机及其工作方法 , 中国 : CN103098617 A[P]. 2013−05−15.
[26] 吴先坤 . 履带自走式采茶机的设计与试验研究 [D]. 安徽 : 安徽农业大学 , 2017.
[27] 汤一平，韩旺明，胡安国，等 . 基于机器视觉的乘用式智能采茶机设计与试验 [J]. 农业机械学报 , 2016, 47（7）: 15−20.
[28] HIRAI Y， INOVE E，MORI K, et al. Investigation of mechanical interaction between a combine harvester reel and crop stalk[J]. Biosystems Engineering, 2002, 83（3）: 307−317.
[29] MOHSENIN N N. Physical properties of plant and animal materials[M]. New York: Gordon and Breach Science Publisher, 1970.
[30] 王东洋 , 金鑫 , 姬江涛 , 等 . 典型农业物料机械特性研究进展 [J]. 农机化研究 , 2016, 38（7）: 1−8, 39.
[31] NEENAN M, SPENCER−SMITH J L. An analysis of the problem of lodging with particular reference to wheat and barley [J]. The Journal of Agricultural Science, 1975, 85（3）: 495−507.
[32] PRASAD J, GUPTA C P. Mechanical properties of maize stalks as related to harvesting[J]. Journal of Agricultural Engaging Research, 1975, 20（1）: 79−87.

[33] IWAASA A D, BEAUCHEMIN K A, BUCHANAN-SMITH J G, et al. A shearing technique measuring resistance properties of plant stems [J]. Animal Feed Science and Technology, 1996, 57: 225-237.

[34] SKUBISZ G. Development of studies on the mechanical properties of winter rape stems[J]. International Agrophysics, 2001, 15: 197-200.

[35] INCE A, UGURLUAY S, GUZEL E, et al. Bending and shearing characteristics of sunflower stalk residue[J]. Biosystems Engineering, 2005, 92（2）: 175-181.

[36] TAVAOKLI H, MOHTASEBI SS, JAFARi A. Physical and mechanical properties of wheat straw as influenced by moisture content [J]. Agrophysics, 2009, 23: 175-181.

[37] TAVAOKLI H, MOHTASEBI SS, JAFARI A. Effects of moisture content, internode position and loading rate on the bending characteristics of barley straw[J]. Research in Agricultural Engineering, 2009, 46（2）: 45-51.

[38] ESEHAGHBEYGI A, HOSEINZADEH B, KHAZAEI M, et al. Bending and shearing properties of wheat stem of Alvand variety [J]. World Applied Sciences Journal, 2009, 6（8）: 1028-1032.

[39] ZAREIFOROUSH H, MOHTASEBI S S, TAVAOKLI H, et al. Effect of loading rate on mechanical properties of rice（Oryza sativa L.）straw[J]. Australian Journal of Crop Science, 2010, 4（3）: 190-195.

[40] TAVAOKLI M, TAVAOKLI H, AZIZI M H. Comparison of mechanical properties between two varieties of rice straw [J].

Advance Journal of Food Science and Technology, 2010, 2（1）: 50–54.

[41] IGATHINATHANE C, WOMAC A R, SOKHANSANJ S, et al. Size reduction of high–and low–moisture corn stalks by linear knife grid system[J]. Biomass and Bioenergy, 2009, 33（4）: 547–557.

[42] IGATHINATHANE C, WOMAC A R, SOKHANSANJ S. Corn stalk orientation effect on mechanical cutting[J]. Biosystems Engineering, 2010, 107（2）: 97–106.

[43] IGATHINATHANE C, PORDESIMO L O, SCHILLING M W, et al. Fast and simple measurement of cutting energy requirement of plant stalk and prediction model development[J]. Industrial Crops and Products, 2011, 33（2）: 518–523.

[44] O'DOGHERTY M J, HUBER J A, DYSON J, et al. A study of the mechanical and physical properties of wheat straw[J]. Agricultural Engineering Research, 1995, 62: 133–142.

[45] IKUSHWAHA R L, VSISHNAV A S, ZOERB G C. Shear strength of wheat straw[J]. Canadian Agricultural Engineering, 1983, 25（2）: 163–166.

[46] CHEN Y X, CHEN J, ZHANG Y F, et al. Effect of harvest data on shearing force of maize stems[J]. Livestock Science, 2007, 111: 33–44.

[47] 刘庆庭，区颖刚，卿上乐，等．甘蔗茎秆切割机理研究 [J]. 农机化研究，2007, 1（1）: 21–24.

[48] 韩杰，文晟，刘庆庭，等．预切种式甘蔗种植机的设计与试验 [J]. 华南农业大学学报，2019, 40（4）: 109–118.

[49] 梁莉，郭玉明．不同生长期小麦茎秆力学性质与形态特性的相关性 [J]. 农业工程学报，2008, 24（8）: 131−134.

[50] 邱述金，原向阳，郭玉明，等．品种及含水率对谷子籽粒力学性质的影响 [J]. 农业工程学报，2019, 35（24）: 322−326.

[51] 李玉道，杜现军，宋占华，等．棉花秸秆剪切力学性能试验 [J]. 农业工程学报．2011, 27（2）: 124−128.

[52] 杜现军，李玉道，颜世涛，等．棉秆力学性能试验 [J]. 农业机械学报，2011, 42（4）: 87−91.

[53] 陈争光，王德福，李利桥，等．玉米秸秆皮拉伸和剪切特性试验 [J]. 农业工程学报，2012, 28（21）: 59−65.

[54] 伍文杰，吴崇友，江涛．油菜茎秆切割试验研究 [J]. 农机化研究，2018, 40（06）: 145−149.

[55] 王芬娥，黄高宝，郭维俊，等．小麦茎秆力学性能与微观结构研究 [J]. 农业机械学报，2009, 40（5）: 92−96.

[56] 梁莉，李玉萍，郭玉明．小麦茎秆粘弹性力学性质试验研究 [J]. 农机化研究，2011（5）: 92−95.

[57] 郭维俊，王芬娥，黄高宝，等．小麦茎秆力学性能与化学组分试验 [J]. 农业机械学报，2009, 40（2）: 110−114.

[58] REDDY N, YANG Y Q. Structure and properties of high quality natural cellulose fibers from cornstalks[J]. Polymer, 2005, 46（15）:5494−5500.

[59] KRONBERGS E. Mechanical strength testing of stalk materials and compacting energy evaluation[J]. Industrial Crops and Products, 2000, 11: 211−216.

[60] 赵春花，韩正晨，师尚礼，等．新育牧草茎秆收获期力学特性与显微结构 [J]. 农业工程学报，2011, 27（8）: 179−183.

[61] 赵春花，曹致中，韩正晟，等 . 不同刈割期低纤维苜蓿茎秆生物力学试验研究 [J]. 中国农机化，2011（1）：78−82.
[62] 高永毅 , 焦群英 , 陈安华 . 剪切载荷作用下植物细胞的力学特性分析 [J]. 应用力学学报 , 2006, 23（4）: 682−686.
[63] DUAN C R. Relationship between the minute structure and the lodging resistance of rice stems[J]. Colloids Surf B Biointerfaces, 2004, 35（3−4）: 155−158.
[64] 陈玉香 , 周道玮 , 张玉芬 , 等 . 玉米茎剪断力研究 [J]. 作物学报 , 2005, 31（6）: 766−771.
[65] ARVIDSSON J，HILLERSTRÖM O. Specific draught，soil fragmentation and straw incorporation for different tine and share types [J]. Soil and Tillage Research, 2010, 110（1）: 154−160.
[66] BITRA V S P，WOMAC A R，IGATHINATHANE C，et al. Direct measures of mechanical energy for knife mill size reduction of switchgrass，wheat straw，and corn stove[J]. Bioresource Technology, 2009, 100（24）: 6578−6585.
[67] SIDAHMED M M, JABER N S. The design and testing of a cutter and feeder mechanism for the mechanical harvesting of lentils[J]. Biosystems Engineering, 2004, 88（3）: 295−304.
[68] 薛运凤 , 曹望成 . 茶树新梢的弯曲力学特性 [J]. 浙江农业大学学报 , 1994, 20（1）: 43−48.
[69] 曹望成 , 薛运凤 , 周巨根 . 茶树新梢剪切力学特性的研究 [J]. 浙江农业大学学报 , 1995, 21（1）: 11−16.
[70] 林燕萍 , 金心怡 , 郝志龙 , 等 . 茶树嫩梢力学特性与粗纤维试验 [J]. 茶叶科学 , 2013, 33（4）: 364−369.
[71] 廖书娟 , 李华钧 . 茶树新梢持嫩性的初步研究 [J]. 茶业通报 ,

2005, 27（2）: 59−60.

[72] 施印炎，陈满，汪小昆，等．芦蒿有序收获机切割器动力学仿真与试验 [J]. 农业机械学报，2017, 48（2）: 110−116.

[73] 白启厚．往复切割式采茶机切制器体验研究 [J]. 安徽工学院学报，1985,（2）: 29−44.

[74] 蒋有光．采茶机切割器系统的优化设计 [J]. 茶叶科学，1986, 6（2）: 47−52.

[75] 蒋有光．往复双动采茶机切割器最佳设计参数的研究 [J]. 安徽工学院学报，1986, 5（1）:43−54.

[76] 金心怡．采茶机、轻修剪机最佳刀机速度 [J]. 福建农林大学学报，1993（4）: 470−475.

[77] 韩余，肖宏儒，秦广明，等．往复式采茶切割器刚柔耦合仿真 [J]. 中国农机化学报，2015, 36（3）: 46−50.

[78] 王升．便携式电动采茶机关键部件设计与试验研究 [D]. 江苏大学，2018.

[79] 张家年．标准型切割器切割图的计算分析 [J]. 华中农学院学报，1982（4）: 1−22.

[80] 杨树川，何东健，杨术明．往复式切割器割刀磨损对切割图中区域面积的影响 [J]. 农机化研究，2006（1）: 107−108, 112.

[81] 夏萍，印崧，陈黎卿，等．收获机械往复式切割器切割图的数值模拟与仿真 [J]. 农业机械学报，2007, 38（3）: 65−68.

[82] 徐秀英，张维强，杨和梅，等．小型牧草收获机双动切割装置设计与运动分析 [J]. 农业工程学报，2011, 27（7）: 156−161.

[83] 陈振玉，周小青．谷物联合收获机往复式切割器切割过程的研究 [J]. 农机化研究，2012, 34（7）: 73−76.

[84] 顾洪．往复式切割器滑切与钳住条件分析研究 [J]. 江苏工学

院学报，1987（3）：113−116.

[85] 罗海峰，邹冬生．龙须草茎秆往复式切割试验研究 [J]. 农业工程学报，2012, 28（2）：13−17.

[86] 解福祥，于庆霞，闫象国，等．粗茎秆作物切割器设计与仿真分析 [J]. 农业装备与车辆工程，2013, 51（6）：17−20.

[87] 张燕青，崔清亮，郭玉明，等．谷子茎秆切割力学特性试验与分析 [J]. 农业机械学报，2019, 50（4）：146−155, 162.

[88] 蓝蓝，房岩，纪丁琪，等．仿生学应用进展与展望 [J]. 科技传播，2019, 11（22）：149−150, 15.

[89] JAMES R S. Inspiration from insects[J]. 山西农业大学学报（自然科学版），2018, 38（1）：1−5, 77.

[90] LU YX. Significance and progress of bionics[J]. Journal of Bionics Engineering, 2004, 1（1）：1−3.

[91] SUN J Y, CHAO L, BHARAT B. A review of beetle hindwings: Structure, mechanical properties, mechanism and bioinspiration[J]. Journal of the Mechanical Behavior of Biomedical Materials, 2019, 94: 63−73.

[92] PRAKER A R, LAWRENCE C R. Water capture by a desert beetle[J]. Nature, 2001, 414: 33−34.

[93] KUBOTA T，NAGAOKA K，TANAKA S，et al. Earth worm typed drilling robot for subsurface planetary exploration[C]//2007 IEEE International Conference on Robotics and Biomimetics, Sanya：ROBIO, 2007: 1394−1399.

[94] MEYERS M A，LIN A Y M，LIN Y S，et al. The cutting edge: sharp biological materials[J]. JOM，2008, 60（3）：19−24.

[95] HAN Z W, WANG Z, FENG X M, et al. Antireflective surface

inspired from biology: a review[J]. Biosurface and Biotribology, 2016, 2（4）: 137−150.

[96] GAO H P, LIU Y, WANG G Y, et al. Biomimetic metal surfaces inspired by lotus and reed leaves for manipulation of microdroplets or fluids[J]. Applied Surface Science, 2020, 519:146052.

[97] ZHANG D G, CHEN Y X, MA Y H, et al. Earthworm epidermal mucus: Rheological behavior reveals drag−reducing characteristics in soil[J]. Soil and Tillage Research, 2016, 158: 57−66.

[98] WANG Y M, XUE W L, MA Y H, et al. DEM and soil bin study on a biomimetic disc furrow opener[J]. Computers and Electronics in Agriculture, 2019, 156: 209−216.

[99] 李默 . 基于螳螂前足结构特征的仿生切茬刀片设计 [D]. 长春：吉林大学 , 2013.

[100] 王洪昌 . 基于鼢鼠爪趾几何结构特征的苗间仿生除草铲设计 [D]. 长春：吉林大学 , 2015.

[101] JIA H L, LI C Y. Design of bionic saw blade for corn stalk cutting[J]. Journal of Bionic Engineering, 2013, 10（4）, 497−505.

[102] TONG J, XU S. Design of a bionic blade for vegetable chopper[J]. Journal of Bionic Engineering, 2017（14）: 163−171.

[103] 田昆鹏 , 李显旺 , 沈成 , 等 . 天牛仿生大麻收割机切割刀片设计与试验 [J]. 农业工程学报 , 2017, 33（5）: 56−61.

[104] 尹军峰 , 陆德彪 . 名优茶机械化采制技术与装备 [M]. 北京 :

中国农业科学技术出版社, 2018.

[105] 范元瑞, 马智斌, 杨化林. 名优茶采摘机器人工作空间分析 [J]. 机械与电子, 2019, 37（8）: 73−75, 80.

[106] AHMED M R, YASMIN J, COLINS W, et al. X−ray CT image analysis for morphology of muskmelon seed in relation to germination[J]. Biosystems Engineering, 2018, 175: 183−193.

[107] DAEL M V, VERBOVEN P, ZANELLA A, et al. Combination of shape and X−ray inspection for apple internal quality control: in silico analysis of the methodology based on X−ray computed tomography[J]. Postharvest Biology and Technology, 2019, 148: 218−227.

[108] 陈树人, 徐李, 尹建军, 等. 基于 Micro−CT 图像处理的稻谷内部损伤定量表征与三维重构 [J]. 农业工程学报, 2017, 33（17）: 144−151.

[109] SURESH A, NEETHIRAJAN S. Real−time 3D visualization and quantitative analysis of internal structure of wheat kernels[J]. Journal of Cereal Science, 2015, 63: 81−87.

[110] GERE J M, TIMOSHENKO S P. Mechanics of materials[M]. Boston：PWS Press, 1997.

[111] SOEST P J V, ROBERTSON J B. Analysis of forages and fibrous food, a laboratory manual for animal science[M]. Ithaca New York：Cornell University, 1985.

[112] KHAN M R, CHEN Y, LAGUE C, et al. Compressive properties of hemp （Cannabis sativa L.） stalks[J]. Biosystems Engineering, 2010, 106: 315−323.

[113] 郭玉明, 袁红梅, 阴妍, 等. 茎秆作物抗倒伏生物力学评价

研究及关联分析 [J]. 农业工程学报 , 2007（7）: 14−18.

[114] DU Z, HU Y G, BUTTAR N A. Analysis of mechanical properties for tea stem using grey relational analysis coupled with multiple linear regression[J]. Scientia Horticulturae, 2020, 260: 108886.

[115] 李远志 , 赖红华 . 茶树茎的微观结构 [J]. 广东茶叶科技 , 1985（2）: 20−23.

[116] RAMANDI H L, MOSTAGHIMI P, ARMSTRONG R T. Digital rock analysis for accurate prediction of fractured media permeability[J]. Journal of Hydrology, 2017, 554: 817−826.

[117] LEBLICQ T, VANMAERCKE S, RAMON H, et al. Mechanical analysis of the bending behaviour of plant stems[J]. Biosystem Engineering, 2015, 129: 87−99.

[118] 黄艳 , 成浩 . 茶树新梢"持嫩性"研究进展 [J]. 安徽农业科学 , 2011, 39（17）: 10260−10262.

[119] AMER EISSA AH, GOMAA A H, BAIOMAY M H, et al. Physical and mechanical characteristics for some agricultural residues[J]. Misr Journal of Agricultural Engineering, 2008, 25（1）: 121−147.

[120] AYDIN I, ARSLAN S. Mechanical properties of cotton shoots for topping[J]. Industrial Crops and Products, 2018, 112: 396−401.

[121] GHARIBZAHEDI S M T, MOUSAVI S M, HAMEDI M, et al. Comparative analysis of new persian walnut cultivars: nut/kernel geometrical, gravimetrical, frictional and mechanical attributes and kernel chemical composition[J]. Scientia

Horticulturae, 2012, 135: 202−209.
[122] NAZARI GALEDAR M, TABATABAEEFAR A, JAFARI A, et al. Bending and shearing characteristics of alfalfa stems[J]. Agricultural Engineering International: CIGR Journal, 2008, 10: 1−9.
[123] 陈宗懋 . 中国茶叶大辞典 [M]. 北京 : 中国轻工业出版社 , 2017.
[124] 牟吉元 , 徐洪富 , 荣秀兰 . 普通昆虫学 [M]. 北京 : 中国农业出版社 , 1996.
[125] 舒畅 , 汤建国 . 昆虫实用数据手册 [M]. 北京 : 中国农业出版社 , 2009.
[126] 郭茜 . 藤茎类秸秆切割机理与性能试验研究 [D]. 镇江：江苏大学 , 2016.
[127] 周华 , 张文良 , 杨全军 , 等 . 滑切型自激振动减阻深松装置设计与试验 [J]. 农业机械学报 , 2019, 50（5）: 71−78.
[128] GATELLIET M A, GAUTIER E J D, MAYEUR O, et al. Complete 3 dimensional reconstruction of parturient pelvic floor[J]. Journal of Gynecology Obstetrics and Human Reproduction, 2020, 49（1）: 101635.
[129] CHATURVEDI A, BHATKAR S, SARKAR P S, et al. 3D geometric modeling of aluminum based foam using micro computed tomography technique[J]. Materials Today: Proceedings, 2019, 18（7）: 4151−4156.
[130] 崔浩磊 , 沈惠申 . 植物茎秆在各种荷载作用下的非线性弹性屈曲 [J]. 科技通报 , 2010, 26（6）: 874−878.
[131] SURESH A, NEETHIRAJAN S. Real−time 3D visualization

and quantitative analysis of internal structure of wheat kernels[J]. Journal of Cereal Science, 2015, 63: 81−87.

[132] 宋占华，田富洋，张世福，等．空载状态下往复式棉秆切割器动力学仿真与试验 [J]. 农业工程学报，2012, 28（16）: 17−22.

[133] MATHANKER S K, GRIFT T E, HANSEN A C. Effect of blade oblique angle and cutting speed on cutting energy for energycane stems[J]. Biosystems Engineering, 2015,133: 64−70.

[134] WANG Y, YANG Y, ZHAO H M, et al. Effects of cutting parameters on cutting of citrus fruit stems[J]. Biosystems Engineering, 2020, 193: 1−11.

[135] 吴崇友，丁为民，石磊，等．油菜分段收获捡拾脱粒机捡拾损失响应面分析 [J]. 农业机械学报，2011, 42（8）: 89−93.

[136] 杨玉婉，佟金，马云海，等．基于鼹鼠多趾结构特征的仿生切土刀片设计与试验 [J]. 农业机械学报，2018, 49（12）: 122−128.

[137] 李吉成，果霖，朱景林，等．基于 ANSYS Workbench 小麦脱粒机离心风机叶轮有限元分析 [J]. 云南农业大学学报，2015, 30（6）: 951−957.